职业教育"十二五"规划烹饪专业系列教材

长春市精品课程开发建设教材

烹调工艺实训教程

主　编　荣　明

副主编　龚妍姝　马福林　杨　旭　林　峰

参　编　常子龙　高洪伟　侯延安　王成贵

　　　　王子桢

U0340174

中国财富出版社

图书在版编目（CIP）数据

烹调工艺实训教程/荣明主编 . —北京：中国财富出版社，2013.8

（职业教育"十二五"规划烹饪专业系列教材　长春市精品课程开发建设教材）

ISBN 978 - 7 - 5047 - 4750 - 1

Ⅰ.①烹…　Ⅱ.①荣…　Ⅲ.①烹饪—方法—职业教育—教材　Ⅳ.①TS972.11

中国版本图书馆 CIP 数据核字（2013）第 154928 号

策划编辑　寇俊玲		**责任印制**　何崇杭	
责任编辑　徐文涛　李瑞清		**责任校对**　杨小静	

出版发行	中国财富出版社（原中国物资出版社）		
社　　址	北京市丰台区南四环西路 188 号 5 区 20 楼	**邮政编码**	100070
电　　话	010 - 52227568（发行部）	010 - 52227588 转 307（总编室）	
	010 - 68589540（读者服务部）	010 - 52227588 转 305（质检部）	
网　　址	http://www.cfpress.com.cn		
经　　销	新华书店		
印　　刷	中国农业出版社印刷厂		
书　　号	ISBN 978 - 7 - 5047 - 4750 - 1/TS・0062		
开　　本	787mm×1092mm　1/16	**版　　次**	2013 年 8 月第 1 版
印　　张	11.5	**印　　次**	2013 年 8 月第 1 次印刷
字　　数	251 千字	**定　　价**	26.00 元

职业教育"十二五"规划烹饪专业系列教材
编写委员会

主　　任　龚妍姝　长春市商贸旅游技术学校校长、高级讲师
　　　　　马福林　长春市商贸旅游技术学校副校长、高级讲师

副 主 任　王成贵　长春市面点工艺精品课程建设项目负责人
　　　　　荣　明　长春市烹调工艺精品课程建设项目负责人
　　　　　施胜胜　浙江省湖州市餐饮商会副秘书长、高级技师
　　　　　林　峰　长春市商贸旅游技术学校烹饪讲师
　　　　　刘建强　山东省济南市技师学院商贸分院高级讲师

主要委员　（按姓氏音序排列）
　　　　　白　鹏　常子龙　杜金平　高洪伟　侯延安
　　　　　胡　平　李泽天　王　萍　王子桢　闫　磊
　　　　　杨　敏　杨　旭　于　鑫　张　佳　庄彩霞

总 策 划　寇俊玲

出 版 说 明

根据《教育部关于进一步深化中等职业教育教学改革的若干意见》关于"中等职业教育要深化课程改革，以培养学生的职业能力为导向，加强烹饪示范专业建设和精品课程开发"的精神，中国财富出版社在国家有关职业教育部门的指导下，特组织多所中等职业院校的优秀烹饪骨干教师和企业精英参与教材的开发与编写工作。在教材编写前做了充分的企业及学校调研，总结职业教育"十一五"规划教材特点的基础上，结合现代中等职业学校对学生的培养目标、企业需求情况，大胆创新、大胆改革，将教材根据需要重新整合、编写。以职业技能训练为中心任务，以校企合作、工学结合为体系的现代化中等职业教育教材编写理念，探索具有烹饪专业特色的工学结合的教材编写模式，搭建了企业精英与一线教师交流的平台。符合职业教育"十二五"规划教材的编写要求，适应社会的需求。本套教材可作为中等职业院校学生选用教材。

本套教材编写有以下特点：

1. 工学结合的编写模式。一方面在教材开发、编写上由院校骨干教师与企业精英合作完成，另一方面注重与相关职业资格标准相结合，符合中职学生学习及技能鉴定的需要。

2. 理实一体、图文并茂。教材在编写上改变了以往教材理论、实践分离的模式，将理论知识与实践技能紧密结合，进而使学习者能够更好地用理论知识去指导实践技能，同时在实践中更好地提升理论知识。同时编写上图文结合、步骤分解，使学习者能够更加直观地掌握实训任务的制作步骤及要点。

另外，本套教材除了适用于中等职业院校教学外，还适合企业从业人员、社会短期培训及烹饪爱好者自学使用。

本套教材配有电子教学资料包。教师可以登录中国财富出版社网站（http://www.cfpress.com.cn）"下载中心"下载教学资料包，该资料包包括教学指南、电子教案、习题答案，为教师教学提供完整支持。

前　言

中国烹饪技艺源远流长，是中华民族优秀文化遗产的组成部分。"烹饪是文化、是科学、是艺术"已成为人们对中国烹饪的共同认识，中国烹饪文化已被世人所公认，形成了具有强烈民族特色的饮食文化，中国烹饪的艺术性也为世人所称道，但中国烹饪是科学，其科学性还只限于对古代饮食文化遗产的发掘整理阶段，还没有从全方位进行充分的研究和探讨，尤其在与现代科学的结合上还远远落后于其他学科，与我国"烹饪王国"的美称及新形势的要求很不适应。烹饪对人类文明发展产生过重大影响，随着生产力的发展和生活水平的提高，烹调方法在不断改进，烹饪内容也在不断丰富，现代烹饪已发展成为独立的新型学科，这一新型学科以手工操作为基础，因此具有区别于其他学科的特殊性，学习方法也与其他学科有所区别。《烹调工艺实训教程》是中等职业学校烹饪专业主要的专业课，可使学生在掌握专业理论的基础上，进行操作技能训练，从而达到一定的烹饪技术水平。

根据《教育部关于进一步深化中等职业教育教学改革的若干意见》关于"中等职业教育要深化课程改革，以培养学生的职业能力为导向，加强烹饪示范专业建设和精品课程开发"的精神，根据《中等职业教育改革发展行动计划（2011—2013 年）》的要求，特编写本书。

本书以知识引导、理论知识、菜肴实例、趣味知识、项目小结为编写框架。通过理论知识与实训任务的学习，使学生能够主动思考实训过程中出现的问题并加以解决。全书由中国烹饪的起源与发展、热菜的烹调方法及实例、热菜装盘技术、筵席知识、菜系形成与流派五部分组成。

本书由吉林省长春市商贸旅游技术学校荣明担任主编，长春市商贸旅游技术学校龚妍姝、马福林、杨旭、林峰担任副主编，长春市商贸旅游技术学校常子龙、高洪伟、王成贵、侯延安、王子桢参与编写。书中图片由长春市商贸旅游技术学校侯延安、王子桢提供。全书由荣明统稿。

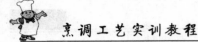

　　本书在编写过程中参阅了大量的文献资料，借此机会，对相关资料的作者表示诚挚的谢意。

　　由于编写时间仓促和编者水平有限，书中不当之处在所难免，恳请有关专家同行提出宝贵意见，以便再版时修正，谢谢。

编　者

2013 年 4 月

目　　录

项目一　中国烹饪的起源与发展

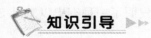　**知识引导** ▶▶

通过此项目的学习，了解烹饪与烹调的概念、烹饪与烹调的联系和区别。了解烹调工艺的内涵及烹调的作用。熟悉中国烹饪的起源与发展过程。了解中国菜肴的特点。

任务一　烹饪的起源

"烹饪"一词始见于《周易·鼎》书中"以木巽火，亨饪也"亨，通烹，做加热解；饪，亦作餁，作制熟解。合为"烹饪"，可理解为运用加热的方法制作食品。随着时代的变迁，约在唐代出现了"料理"一词，宋代出现了"烹调"一词，如陆游《剑南诗稿·种菜》曰："菜把青青间药苗，豉香盐白自烹调。"这二词词义当时与烹饪的解释基本一致。后来"料理"一词被弃置，烹饪、烹调二词并存混用，这两词是烹饪科学中最基本的概念，二者既有联系，又有区别，不能混为一谈。

烹饪是人类为了满足自身的生理和心理的需求，把可食用原料用适当方法加工成为直接食用成品的活动。它包含烹饪生产及饮食消费的全过程。一般也可定义为：烹饪是人们依据一定的目的，将烹饪原料加工成菜点等食物的技艺。

烹调是将加工整理的烹饪原料，用加热等方法结合加入调味品而制成菜肴的一门技术。

烹饪与烹调的联系与区别在于：烹饪包含着烹调，烹调是烹饪的一个重要组成部分；烹饪是将原料加工成为菜点等食物的技艺，也就是我们平时经常提到的红白两案，烹调仅指制作菜肴的技艺——红案。

中国烹饪历史悠久，渗透在各民族日常生活中，积累了丰富的经验和知识，在漫长的发展历程中，形成了丰富的文化内涵与雄厚的技术基础。自从我们祖先懂得用火熟食后，中国烹饪大致历经萌芽期、形成期、发展期和繁荣期四个阶段。

一、烹饪的诞生

烹饪的诞生是以火的利用为标志的。据考古发掘，距今约 180 万年前的山西芮城西侯度遗址发现有灰烬和烧骨的遗存，在距今 50 余万年的北京周口店"北京人"遗址，发掘出四个较大的灰烬层，最厚处达 6 米，并在灰烬层中发现了许多烧过的石头、骨头、朴树籽以及木炭。考古学家据此作出了"北京人"已能够保存火种，很好地管理火，并且已知道了熟食的论断。这证明了"北京人"已懂得用火熟食，并发明了加热制熟的技能。美国著名营养学家、医学教授威廉·小西布尔等合著的《生活科学文库·食物和营养》一书中这样写道："烧煮至少是 40 万年以前现代人类的祖先发明的，证据来源于中国北京附近的一个远古洞穴，烧焦的骨头遗迹表明，居住在那里的北京猿人早已发明了一种有史以来最伟大的技能。"

二、萌芽时期

萌芽时期又称火烹时期。烹饪诞生以后，一直到陶器发明以前约 50 万年前，相当于旧石器时期的中晚期，属于中国烹饪萌芽时期。这个时期又可分为两个阶段。前一阶段没有炊具，只是利用火直接加热制熟的直接加热法。如将烹饪原料置于火上或火中烧，埋入火灰中煨熟，或利用烤、烘、炕等技法。后一阶段出现了间接加热法。即"包烹法"和"石烹法"。包烹法是用植物叶子将烹饪原料包裹起来烧制的技法，可使制成的食品比较干净。包烹法盛行了较长时期，一直延续到陶器出现以后（并沿用至今，如"叫化鸡"，以及若干包烹技法），即先秦文献中所记的"炮""包苴"等技法，而且古代曾称厨房、烹调为"包""庖"，称厨人为庖人、庖丁。在包烹法先后，还出现了石烹法，如用石板、石子传热制熟食物（此法也沿用至今，如现代传承的"石板烧"，甘肃"西夏石烤羊"，陕西"石子馍"等），或于地上掘坑，垫以兽皮，装入水和烹饪原料，投以烧的炽热的石块，使水沸腾而将原料制熟。这段时期，烹饪原料只能依靠采集和渔猎获得，没有恒定的来源，对原料只做些剥皮等粗糙的加工，即投入烹制。加热时无炊具，包烹、石烹仅为炊具的创制做了酝酿和准备而已。在此期中，虽然人们早已食用天然盐（如湖盐、土盐、岩盐）和酸梅、野蜂蜜等，但尚未发现有关烹制时同时调味的考古遗存或文献记载。这一时期有烹无调，没有炊具，烹制技法大多为干加热法，十分简陋、原始，故称为萌芽时期。

三、形成时期

形成时期又称陶烹时期。距今约 1.1 万年时，出现了陶器。在这一时期内，相继诞生了农业、畜牧业，并创造了炊具、杵臼、磨盘和磨棒，在这一时期的后期有了"煮海为盐"的人工咸味调料。陶罐、陶釜等是最早发明的炊具，这样便使利用水作为传热介质的多种水烹法陆续出现，从此水烹法占据了主要地位，同时将农业所生产的稻、粟、麦等细粒原料，经脱壳、去皮后制成食品，粥、饭先后出现。其后，由于发明了陶甑、陶甗，利用蒸汽作为传热介质的蒸法出现了。煮、蒸等烹调方法得出现可以使淀粉类多糖充分裂解进而被人体所吸收，农产品得到了充分的利用，粮食逐渐居于主食地位，从而又促进了农业的发展。这段时期，约相当于整个新石器时代，烹饪原料逐渐以农产品为主，有了较为恒定的供应。原料加工技法有所发展，且因炊具、灶具的大量运用，加上简单的调味，开始了有烹有调的格局，构成为最初的烹饪工艺流程，"火食之道始备"，故称之为形成时期。

四、发展时期

发展时期又称"铜烹时期"。距今约 4 千年前有了铜制炊具。《吕氏春秋》记载："鼎中之变，精妙微纤"。由于铜鼎的出现，把烹饪技术发展到了新的历史阶段。铜制炊具耐高温，传热快，使用油作为传热介质的"炸"烹调方法出现。某些食物经油炸后，利于人体消化吸收，油脂也增加了人体的热能的供应。据文献记载与文物的反映，这段时期，中国烹饪出现了一个高度繁荣的局面。烹饪原料形成了粮食、蔬菜、果品等植物性原料与畜兽、禽鸟、水产、虫豸等动物性原料以及少量加工性原料，共同组成了主配原料结构。调味料这时已达到了辛、甘、酸、苦、咸五味，开始应用桂、椒、白芷等香料。原料加工由选料到刀工、配菜等形成了体系，并有了"食不厌精、脍不厌细"的主张。烹调法出现了火熟法（炮）、水熟法（炖、煮）、油熟法（炸）等复合应用的情况（如《礼记》"八珍"中的炮豚），并开始应用近似现代勾芡、上浆的滫瀡（xiǔ suǐ）法，以及过油等技法。这段时期，食品品种也很丰富，中华民族的谷果畜蔬的膳食结构和主食、副食的体制已成定局，且有了酒、茶和其他饮料。饮食礼仪逐渐完备。那时奴隶主所享用的或用作礼器的铜制炊餐具制作工艺十分精致，连同一些象牙、漆具等，其华美瑰丽程度至今令人叹为观止。先秦文献中也有许多记载讲究营养和注重饮食卫生的论述，对饮食与人的生存和生理关系也有了较深刻的认识。这段时期的中国烹饪，为今后的烹饪发展奠定了基础，许多内容时至今日仍在起着积极的作用。

五、繁荣时期

繁荣时期又称为铁烹时期。铁鼎始见于春秋晚期，铁锅、铁釜始见与西汉。铁锅带来了快速加热成熟的炒法，由水熟油熟混合成熟的烹调法系列逐步形成。烹调原料中，加工性主料与调味料大大增加。钢刀的使用，使刀工越来越精细。由于石磨的出现，可以加工出精细的面粉和米粉。到了魏晋南北朝时期，面点的技法与花色品种都丰富起来。这段时期，食品的品种繁多，质量愈趋精美，尤其是地方风味特色逐渐显现。随着饮食市场的繁荣与厨师行帮的产生、发展和交流，促进了大小众多风味流派的形成，饮食烹调出现了兴旺昌盛的局面。作为烹饪繁荣的一个标志，在这一历史时期，有关烹饪的专著及散见于文献中的相关论述十分丰富，包括各种食经和原料、饮料、食疗等方面的著述，既保存了大量烹饪方面的资料，也反映了中国烹饪发展的风貌。

从以上四个时期的介绍，可以看出中国烹饪由粗放到细致，从简陋到精美的发展历程。烹调法由单一走向复合，形成众多的烹调法；调味从无到有，由单一味到复合美味，并形成众多的风味；原料上由少到多，经过筛选、优选，形成相对稳定的常用品种，并在此基础上形成了相对固定的膳食结构；食品品种也由少到多，并形成了主食、副食、零食的饮食体制；这一切构成了中国烹饪之现状。新的工具、技法诞生的同时，旧的工具、技法大都也继续存在和发展。最原始与最现代的并存，兼收并蓄，相辅相成，形成丰厚的积淀。

任务二　烹调的作用

烹调，在将可食用的原料加工成菜肴的过程中，烹和调是密不可分的，即所谓烹中有调，调中有烹。

一、烹的作用

（一）灭菌消毒保证可食性

烹饪原料在生的状态下，不论有多么新鲜，总或多或少地带有一些致病的细菌或寄生虫，而这些细菌或寄生虫在85℃左右时，或浸渍于较浓的盐溶液中，一般都可以被杀死。因此，通过高温加热便可灭菌消毒，使食物可以安全食用。

（二）分解养料利于人体消化吸收

人体每天需要摄取大量的获得糖、脂肪、蛋白质、矿物质、维生素等营养成分来维持生命。而这些营养成分存在于自然界的各种食物中。人们进食后，食物必须经过牙齿的咀嚼，唾液、胃液的拌和，肠胃的蠕动，人体中酶的分解作用，其中的营养成分才能被人体吸收。但有些生的食物我们一般很难吸收其营养，通过烹可以起到初步分解食物的作用。因为食物经高温，会发生复杂的物理变化和化学变化，而使它的组织初步分解，例如：蛋白质一部分凝固了，另一部分溶解在汤内；淀粉一部分变成糊精，另一部分分解为糖；植物原料中坚忍的细胞膜也破坏了。这些变化，都等于在人体外先对食物进行了初步的消化工作，这样就减轻了人体消化器官的负担，使食物中的营养成分易于被消化吸收。

（三）改变食物的味道变得鲜香可口

未经烹煮的生肉完全没有香味，但放在锅内烧煮，即使仅仅放一些水，不加任何调味品，到一定时候，也会肉香四溢。其他食物原料，即使是蔬菜类和谷类，煮熟以后，也总有一些香味透出。这是由于食物中大都含有醇、脂、酚等成分，这些成分受热时，其中的一部分会发生化学变化，变为某种芳香性的物质。所以通过烹的作用，食物就能够味香可口，诱人食欲。

（四）烹饪食材的味道相互融合成复合的美味

一道菜肴有时需要多种原料搭配而成，其中每一种原料都有其特有的味道，在未烹饪前每一种味道都是独立存在的，互不融合。物理学中关于分子运动的原理告诉我们，任何物质中的分子都处在运动中，温度越高，运动就越剧烈。几种原料放在一起加热，随着温度的升高，各种原料中分子的运动就剧烈起来，一种原料内的一部分分子就会进入到另一种原料内部，从而形成复合的美味。特别是通过锅中沸热的水和油的作用，各种原料中的分子会变得更容易于相互渗透。如牛腩炖土豆，牛肉中的香味和土豆的甘甜相互融合，使两种原料味道得到互补变得更加美味可口。

（五）改善色泽，利于造型

烹可以改善食物的外观。如热水烫制绿色蔬菜，可使其变得更加翠绿；油炸后的食物可以变的色泽金黄；多种造型菜肴（经剞刀法）原料的改制成型也是需要加热后才能体现出来，如鱿鱼形、麦穗形、荔枝形等。

二、调的作用

调的目的是使菜肴滋味美味，色泽美观。它的作用是：

（一）去除食材中异味

有些原料，如牛羊肉，海产品，内脏类等原料，往往有较重的腥膻异味，通过烹制只能除去一部分。如果在烹的过程中加入葱、姜、蒜、酒、盐、糖、花椒、大料等调料，异味便会基本去除。有些肉类原料往往油腻过重，使人感觉腻口，在烹制这些原料时，加入适量的葱、姜、料酒调味料既能除去异味还能起到解腻的作用。

（二）增进食材的香味

绝大部分的调味品都具有提鲜、添香、增加菜肴美味的作用。特别是有些原料淡而无味，难以引人食欲，必须加入调味品或采取其他调味措施，才能成为佳肴。如豆制品、粉皮、萝卜等食物，味道都很清淡，只有在烹制时适当的加入一些葱、姜等调味品或与鸡肉、鱼肉等味道浓香的原料同煮，才会变得美味可口；又如鱼翅、海参、鲍鱼、燕窝等名贵食材，基本上也没有什么味道，要是不和其他鲜汤同烹，就不能成为滋味鲜醇的珍馐。

（三）确定菜肴的味型

菜肴多种多样的口味，是通过调味来实现的。用类似的烹调方法烹制相同的原料，调味方法不同，菜肴口味也就不同。每一种调味料均有其固定的味道，用其分别调味，就可形成不同的口味，如咸、甜、酸，调味品的合理搭配就可以形成复合味，如荔枝味、鱼香味、麻辣味等，正所谓"五味调和百味香"就是这个道理。

（四）丰富菜肴的色彩

调味品的加入，还可以丰富菜肴的色彩，从而使菜肴的色彩浓淡得宜，鲜艳美观。如酱油能使菜肴呈棕红色或酱红色，番茄酱能使菜肴呈鲜红色，腐乳汁能使菜肴呈玫瑰红色等。

烹调在菜肴，特别是热菜的整个制作过程中占有非常重要的地位。它是制成菜肴的最后一道工序，维系于原料的选取、加工整理和组合等菜肴制作全过程的菜肴质量，通过烹调才能最后定型且集中体现出来，因此，烹调是决定菜肴的色、香、味、形、质并使之具有多样化的关键。

任务三　中国菜肴的特点

中国菜肴经过长期的发展，融合了各民族的文化和智慧，形成了特有的个性和鲜明的特色。

一、选料讲究、用料广泛

我国幅员辽阔，地跨寒带、温带、热带，物产丰富。山珍野味、五谷果蔬、鱼虾海鲜等从天上飞的到地上跑的，从水中游的到土里种的，应有尽有，原料极为广泛，中国菜肴在选料上最讲究是鲜活肥美，不同的菜肴要有不同的选料准则，在选择原料时十分重视原料的产地、季节、品种、部位、质地等方面。动物原料中火腿以金华、宣威最好，鳊鱼以湖北樊口为好，螃蟹以阳澄湖、胜芳最佳。有些菜肴还必须选用特定的原料，如北京烤鸭必须选用北京填鸭，做咕噜肉要用猪的上脑肉部位，还有四川菜肴如麻婆豆腐、鱼香肉丝制作时必须用郫县豆瓣辣酱来调味。

二、刀工精细、配料巧妙

刀工是菜肴制作中一项十分重要的环节，中餐厨师在加工原料时讲究大小、粗细、厚薄一致，从而保证了原料在受热过程中均匀，成熟度也一致。根据原料的特点和制作菜肴的要求历代厨师创造了切、片、批、锲等刀法，运用这些刀法将原料加工成丝、片、条、块、段、粒、茸，和麦穗花型、荔枝花型、蓑衣花型等，便于食用也增加了菜肴的艺术性。

中餐的每一道菜肴除了注重主料的选择，对于辅料的搭配上也十分重视，一般要从色、味、形、质地、营养等多个角度来考虑。在配色时讲究顺色配和俏色配，突出主料。在味道方面，讲究浓配浓、清配清，有利于突出原料的本味。在形的方面，要求丝配丝、丁配丁、片配片，辅料要小于主料。从质地上配料要软配软、硬配硬。营养方面更加讲究荤素搭配、养分互补的配合。

三、精于运用火候烹调方法多样

菜肴制作时，火力的大小和加热时间的长短是决定菜肴质量好坏的关键。中国菜肴烹制过程中运用火候相当讲究，有旺火速成的菜肴如火爆大头菜，有微火长时间煨煮的菜肴如红烧肉，也有根据烹调要求变换火候的菜肴如干烧鱼。中国菜肴烹调方法多样堪称世界之最，烹调方法多达几十种，如烧、煮、焖、炖、烩、煎、炒、烹、炸、熘、爆、烤、烧、拔丝、挂霜、蜜汁等。

四、菜肴品种丰富、口味丰富多彩

我国不同风味的地方菜有 20 多种，各式风味名菜就有五千余种，花色品种更在万种以上，是世界上任何国家所不能比拟的。菜肴口味上也各不相同，素为群众所喜爱的咸鲜味、咸甜味、辣咸味、麻辣味、香辣味以及鱼香味、怪味等，都是历代厨师创造的美味。厨师们不但善于掌握各种调味品的调和比例，还能巧妙地使用不同的调味方法，不同的调味时机使每道菜肴具有其特殊的风味。

五、注重食疗、讲究盛装器皿

中国自古以来就有"药食同源"的传统，烹饪食材中有很多药用价值，健食益寿的膳补食疗是中国烹饪的一大特色。"药补不如食补"的药膳在中国菜肴中占有重要的地位。历代厨师十分注意烹饪原料的"四性五味"和平衡调配，强调季节进补，做到药食结合、医膳一致。

美食不如美器，讲究盛装器皿是中国菜肴的另一大特点。中国餐具以陶瓷居多，以其玲珑剔透、质地精良、色彩艳丽、古色古香而著称于世。在盛装上讲究不同的菜肴选用不同的盛装器皿，如汤汁较少的菜肴用平盘，整只的鱼要用腰盘，汤菜要用汤碗等。总之，红花虽好还需绿叶配，红花绿叶相得益彰。

 项目小结

此部分内容对烹饪与烹调的概念下了定义，阐明了两者之间的联系与区别，概括了烹调工艺所包含的内容，讲解了烹调的作用。简洁地介绍了中国烹饪的起源与发展过程，对中国菜肴的特点作了较为全面的概括。

项目二 热菜的烹调方法及实例

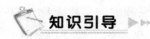 **知识引导** ▶▶

通过此项目的学习，熟悉热菜烹调方法的概念及分类方法，了解常见常用的烹调方法的操作程序，并掌握常用烹调方法的技术关键，能够辨别类似烹调方法的同异之处，加强学习烹饪的兴趣。

中国烹饪与法国烹饪、土耳其烹饪齐名，并称为世界烹饪三大王国。中国菜肴以独特的色、香、味、形、质、器、养成为饮食时尚，被人们所推崇。现今我们以味的艺术享受为核心，以养的物质享受为目的，构成中国菜肴的最大特色。热菜制作是中国烹调艺术的集中体现，反映了精湛的烹调工艺和技艺。热菜制作按风味流派可划分为四川菜系、山东菜系、广东菜系、江苏菜系、福建菜系、浙江菜系、安徽菜系、湖南菜系等，按烹调方法可划分为水烹法、油烹法、汽烹法、辐射法、其他烹调方法。别具一格的特色菜是各地风味流派和各地风味宴席的烹饪艺术精华，烹调方法是我国烹调技艺的核心。热菜发展史在中国烹饪发展史上占有重要的地位和作用。

任务一 热菜烹调法的概念与种类

烹调方法也叫烹调技法，一般是指把经过初步加工、切配、腌渍后的半成品或原料，进行加热和调味，制成不同风味菜肴的制作工艺。烹调方法是烹调技术的核心，是在菜肴烹调工艺中起到决定性作用的环节。热菜是指食用的菜肴温度要明显高于人体温度，必须及时供人食用，是构成菜肴的主体，是前人反复实践、不断创造总结出来的宝贵财富。热菜在长期发展过程中，由于原料的性质、形态的不同，以及菜肴的色、香、味、形、质、器、养的要求不同，加之烹调工艺的区域性和地方性，形成了众多的烹调方法。热菜烹调方法的特点主要表现为以下几点：一是种类多，目前我国流行的烹调方法有四十余种；二是地方性强，在烹调方法的种类中，相当一部分烹调方法带有明显的地方特色，如川菜的"煵炒"、鲁菜的"爆"、粤菜的"焗"、苏菜的"焖"等；三是更新发展快，创新菜肴层出不穷，带动了烹调技法不断的提升，从而丰富和发展了烹调工艺；四是灵活性强，由于地区差异，原料的品种、质量，使用的燃料、厨具，生活习惯的不同等对烹调方法的具体操作都有影响，运用同一烹调方法制作不同原料的菜肴，或者同一类菜肴在不同条件下制作，都需要根据具体情况采取具体细节调整，才能到达好的效果。烹调技法相当细腻，相当复杂，有多元性的特征。

中式热菜烹调方法众多，由于所持的标准各不相同，分类的方法也是多种多样，但我们可以执简驭繁，从菜肴的加热途径和方法、制作特点、形态及风味特色等方面加以归类，常用烹调方法主要是炒、炸、爆、熘、烹、煎、贴、塌、燔、烧、煮、炖、焖、煨、蒸、扒、烩、氽、涮、拔丝、挂霜、烤等二十余种基本的烹调方法，这些烹调方法中由于地域的不同还有一定的细分如炒就分滑炒、生炒、熟炒、干炒、软炒、清炒、爆炒、抓炒等。

任务二 炒

炒是以铁锅和油为传热介质，将事先处理好的原料置于铁锅中，按一定的质量要求，运用不同的火力翻拌成熟的一类烹调方法。

在炒制过程中，原料直接由铁锅传热，中间无缓冲的传热介质，所以对驾驭火力的能力要求很高。为了在不均匀的温度中使原料受热均匀，翻拌时手勺与铁锅要求巧妙配合，因此，还要具有娴熟的灶上功夫。根据其制作过程中选料、调色、调味的不同可分为滑炒、生炒、熟炒、干炒、软炒、清炒、爆炒、抓炒。

一、滑炒

技法介绍：

滑炒所用原料一般以动物性生料为主，加工成丁、丝、片等小型形状，经上浆滑油断生，再将其放入小油锅内在旺火上急速翻炒加入调味料勾芡成菜的烹调方法。

由一般炒法发展而来，一次加热改为两次加热，即滑和炒。滑，一般叫油滑、拉油。滑炒的原料要求新鲜质优，精挑细选。猪、牛、羊肉和鸡、鱼虾等，要去皮、剔骨、剥壳。肉类选用里脊和细嫩的瘦肉，鸡类选用胸脯肉，鱼虾选鲜活的为好。在成形加工方面，以细、薄、小为主，如薄片、细丝、细条、小丁、小粒和细末；自然形态小的原料如虾仁，用原形；较厚的原料，要剞上花刀，这样才能保证滑炒菜肴的嫩度。滑炒在刀工后，烹调前，一般都要进行上浆。上浆要求细致，先用细盐、料酒腌渍一下，使其入味；再把蛋清调匀，放入腌渍的原料中调和均匀；在后加入淀粉，用手抓捏均匀，一直抓捏到粉浆把原料的表面全部包裹起来，才符合标准。否则，滑油时就会出现出水、脱浆，影响菜肴的质感。滑油的油温不宜过高，掌握在100℃～150℃。熟的程度为八成熟即可。此外，滑油锅必须干净，滑前要"涠锅"即把锅烧热，放少量油，均匀晃动，使锅都沾上一层油，以防滑锅时粘锅。下料要拦散，不能成堆。入锅后要把原料划开，使之各处分离。如果原料下锅的数量多，则应适当提高油温。滑炒的最后一道工序是炒，它是再一次加热，使原料完全成熟，并确定最后的口味。由于回锅加热是旺火速成，时间短促，调味宜用碗汁、碗芡，以节省烹调的时间。

滑炒的特点是：菜肴味以咸鲜为主，芡汁薄而较多，质地松软鲜嫩，清爽利口。滑炒菜肴主料，一般用鸡、鱼、虾为多，其色多为白色，如果是猪、牛、羊肉，其色多为红色。

菜肴实例：滑炒鸡丝（如图2-2-1所示）

主料：鸡脯肉200克

辅料：冬笋20克、鸡蛋清30克

调料：盐5克、味素4克、料酒10克、葱3克、姜2克、蒜1克、水淀粉25克

工艺流程：原料改刀——上浆——滑油——炝锅——投主辅料——调味——勾芡——出勺装盘

图2-2-1 滑炒鸡丝

制作过程：

1. 鸡脯肉切成细丝（粗3～4毫米，长7～8厘米），冬笋也切成相应细丝，葱、姜切丝，蒜切片。

2. 将切好的鸡肉丝放入打散的鸡蛋清中抓匀、上劲。

3. 勺内加宽油，烧制三成热放入鸡肉丝滑散滑熟，倒入漏勺。

4. 勺内加少量底油加热后，加入葱姜丝、蒜片、笋丝翻炒几下，再加入滑好的肉丝，

然后倒入用盐、味素、料酒、少许鲜汤、水淀粉兑好的卤汁，颠翻均匀，加明油出勺。

技术关键：

1. 鸡脯肉结缔组织少肉质较为细嫩，改制的刀要快，动作要利落，切丝时要顺着纹络切制便于成型上浆。

2. 鸡丝上浆要均匀和吃透，由于鸡丝娇嫩抓拌时出手要轻，用力均匀，抓匀伴透，使原料全部被包裹住，既要防止断裂破碎，又要将原料上浆有劲，否则会造成脱浆、出水现象，从而影响菜肴质量。

3. 掌握好滑油的油温，一般来讲原料经上浆后不易浸油，因此油温应控制在 90℃ 左右。

4. 烹入芡汁或勾芡都应从菜肴四周浇淋，并待芡汁内的淀粉充分糊化，才能翻炒颠锅，使芡汁裹住原料，淋少许明油，转动炒勺，及时出锅装盘。

质量标准： 鸡丝粗细均匀，芡汁适度，质地滑嫩，味道鲜香。

菜肴实例： 滑炒里脊丝蕨菜（如图 2-2-2 所示）

主料： 猪里脊肉 150 克、蕨菜 200 克

辅料： 胡萝卜 50 克

调料： 盐 3 克、味精 3 克、湿淀粉 6 克、料酒 10 克、鸡汤 25 克、香油 5 克、葱姜蒜各 5 克、蛋清一个、油 300 克

工艺流程： 原料改刀——里脊上浆滑油——炝锅放蕨菜——加汤调味——放入里脊丝——勾芡颠翻均匀——出勺装盘

图 2-2-2 滑炒里脊丝蕨菜

制作过程：

1. 将蕨菜去掉老根，切成 3 厘米长的段，用温水泡去咸味和涩味。里脊切成 8 厘米长的丝，用蛋清淀粉上浆，胡萝卜切成丝。葱、姜切丝，蒜切片。

2. 勺内放油，烧至四成热时，倒入肉丝滑散，倒入漏勺沥净油。

3. 勺内放底油，烧热加入葱、姜丝，蒜片炝锅，放入蕨菜、胡萝卜，煸炒，烹入料酒，加入鸡汤、盐、味精、里脊丝和湿淀粉勾芡，颠翻均匀，淋入香油出勺。

技术关键：

1. 蕨菜有盐渍和鲜摘，无论哪种都要经过清水浸泡、焯水处理，以除去苦味，盐渍更需反复浸泡，以除咸味。

2. 里脊丝滑油掌握好油温，划散变色即可，不要滑老。

质量标准：荤素搭配，质地软嫩，清香味鲜。

趣味知识

　　蕨菜又称如意菜，属草本植物，叶茎呈深绿色，柔软鲜嫩。味道清香，风味特异，素有"山菜之王"的美誉。出土五六天的蕨嫩茎，采摘后，就地腌渍成咸蕨菜可长年保存。此菜东北三省均有分布，四月下旬至五月上旬采收，它卷缩如拳，鲜嫩粗壮，长度2～3厘米以上，绿色或紫色的茎叶脱水后碧绿翡翠，滑嫩可口。过季较老不宜食用。蕨菜为山珍，入馔历史悠久。

二、生炒（又称生煸）

技法介绍：

生炒是原料不论动植物都是生的，不需挂糊上浆，直接炒至成熟或走油后再炒，汤汁很少或芡汁很薄。炒时要用旺火，热锅热油。

单一原料可一次下锅。多种原料要将质地老的先下锅，质地嫩的后下锅。当主料下锅后，即用手勺反复拌炒，使原料在短时间内受热均匀。待主料颜色变时，放入小料，再放调料，使主料浸透入味，最后放配料。配料如果质地较老，可以先用另外的锅煸炒一下，并适当放入咸味原料。一般都是将原料直接炒至成熟，有的为加快成熟时间，需走油后再炒。生炒菜的口味要求鲜嫩、汁少，汁与料交融在一起。

其特点是：盘中有淡淡的一层薄汁，口味是咸中有鲜。如果主料是植物的，应当含有蔬菜的清鲜气味；如果主料是荤素相配的，应当含有肉类的醇香，清爽利口。

菜肴实例：生炒鸡（如图2-2-3所示）

主料：带骨雏鸡

辅料：水发冬菇25克、冬笋25克、胡萝卜20克

调料：酱油25克、精盐1.5克、味精3克、葱姜蒜各5克、料酒15克、色拉油500

克（实耗 50 克）、香油 3 克

工艺流程：原料改刀——鸡块过油——炝锅——倒入主辅料、汁水——颠翻均匀出勺

图 2-2-3　生炒鸡

制作过程：

1. 将鸡洗净切成 2.5 厘米的方块，加 10 克酱油腌制 10 分钟，辅料均切成小菱形片，葱、姜、蒜切末，用酱油、精盐、味精、料酒、鲜汤、湿淀粉兑碗汁。

2. 勺内放入油烧至八成热时，将鸡块放入划散，待变色成熟倒入漏勺内沥去油。

3. 勺内放底油烧热，用葱、姜、蒜、炝锅，放入辅料煸炒片刻，倒入鸡块煸炒，烹入兑好的汁水，翻炒均匀淋香油出勺即成。

技术关键：

1. 此菜选料需选用当年的小嫩公鸡，能达到肉嫩骨酥。

2. 鸡肉划油温度要高，时间短，速度快，使表层肉质骤缩而保持鸡肉内部水分，达到成菜鲜嫩。

3. 此菜汁水宜少，干爽利落。

质量标准：鸡肉鲜嫩，汁红芡亮，香咸醇浓。

趣味知识

谚语：逢九一只鸡，来年好身体。解释："九九"是指一年中从较冷到最冷又回暖的时间。它是从冬至这天作为一九的开始，即从 12 月 21 日或 22 日开始，依次每隔 9 天算一九、二九、三九……直到惊蛰前 2 天或 3 天为九九。冬季人体对能量与营养的需求较多，要经常吃鸡进行滋补，这样不仅可以更好地抵御寒冷，而且可以为来年的健康打下基础。鸡肉不仅味道鲜美，而且营养丰富，被称为能量之源。它更是凭借其高蛋白、低脂肪的特点赢得人们的青睐，成为病后体虚患者的首选补品。然而，人

们在选择鸡肉时往往比较注重鸡的品种及新鲜程度，对于鸡的雌雄却不太关心。其实，公鸡和母鸡的肉虽然都具有上述特点，但其食疗功效还是有所不同的。中医认为，鸡肉虽然都具有温中益气、补精填髓、益五脏、补虚损的功效，但在选择时还是应注意雌雄有别：公鸡肉属阳，温补作用较强，比较适合阳虚气弱患者食用，对于肾阳不足所致的小便频密、耳聋、精少精冷等症有很好的辅助疗效；母鸡肉属阴，可用于脾胃气虚引起的乏力、胃脘隐痛、产后乳少以及头晕患者的调补，特别适合阴血虚患者如产妇、年老体弱及久病体虚者食用。

菜肴实例：炒肉酸菜粉（如图 2-2-4 所示）

主料：酸菜 250 克、水发粉丝 150 克、五花肉 100 克

调料：猪油 100 克、葱 10 克、姜 10 克、花椒水 5 克、盐 3 克、味精 2 克

工艺流程：主料改刀——热油炝锅——煸炒肉和酸菜——加汤调味——收汁出勺

图 2-2-4 炒肉酸菜粉

制作过程：

1. 将酸菜片成薄片，切细丝，用清水泡去盐分，将五花肉切丝，葱、姜均切细丝。

2. 勺内放底油，烧热放肉丝、葱丝、姜丝炒出香味，肉变色，放入酸菜丝继续煸炒一会，加适量汤及调料，放入粉丝中火将汤汁收尽，淋少许明油出勺装盘。

技术关键：

1. 炒肉和酸菜时要热锅热油。

2. 汤要加得适量，粉丝成熟正好将汤吸尽，形成少许自然芡。

3. 泡洗酸菜时不要将盐分完全泡尽，否则将失去酸菜的风味，加盐时要考虑酸菜存在的盐分。

4. 汤汁将尽时要注意翻炒，以免酸菜和粉丝糊底。

5. 调味可根据个人口味酌加酱油。

质量标准： 咸酸脆爽，滑韧醇香。

趣味知识

　　东北的渍菜方法与西餐的渍菜方法不同。西餐用白醋渍菜，东北采用自然发酵方法，每年十月中旬，秋白菜收获后，经修整洗净装入大缸中，撒上适量大粒盐，加净水深过菜，用石头在上面压实，在一定温度下，一个月左右，自然发酵变酸，即可食用。经过发酵过程，渍菜有一种乳酸味，吃起来可口，又利于消化吸收。一般可存放5～6个月。

技法介绍：

　　熟炒是将大块原料加工成半熟或全熟（加工方法有蒸、煮、烧），再经改刀切成丝、丁、片、条，然后再用旺火速炒，依次放入配料、调味品和少许汤汁，翻炒几下即成。

　　炒熟的原料大都不挂糊、上浆，但在起锅时，有的可勾芡。熟炒除要求旺火热油之外，其调料用酱类较多，如黄酱、甜面酱、豆瓣酱、酱豆腐等。配料多用含有香气的蔬菜，如柿子椒、蒜苗、芹菜、青蒜、大葱等。熟炒原料丝要粗，片要厚，丁要大，条要粗。由于调料多用酱类，所以熟炒菜的菜汁浓味厚，汁要紧紧包着主料、配料。

　　其特点是：略带汁芡，鲜香入味，口味浓郁。

菜肴实例： 回锅肉（如图2-2-5所示）

主料： 猪腿肉400克

辅料： 青蒜苗100克

调料： 郫县豆瓣25克、甜面酱10克、酱油10克、混合油50克

工艺流程： 主料初步熟处理——原料改刀——主料炒吐油——加入调料——加入配料——出勺装盘

图2-2-5 回锅肉

制作过程：

1. 将肥瘦相连的猪腿肉刮洗干净，放入锅内煮至肉熟皮软为度，捞出冷透后，切成 5 厘米长、4 厘米宽、0.2 厘米厚的片，青蒜苗切成马耳朵形。

2. 炒锅置旺火上，放入油烧至六成热，下入肉片炒至吐油，肉片呈灯碗窝状时，下剁茸的郫县豆瓣炒上色，放入甜面酱炒出香味加酱油炒匀，再放入青蒜苗炒断生起锅即成。

技术关键：

1. 煮肉时断生即可，煮过火肉片炒制时不成灯碗窝状，肉片不整齐。

2. 下甜面酱时火候不宜太大。

3. 必须加提味的配料，最好是青蒜苗，也可用葱或蒜苔代替，方能成此美味。

4. 四川做法加甜面酱带有甜味，不用加糖。

质量标准： 肉片整齐呈灯碗窝状，色泽红润，鲜香而辣，浓郁酱香味。

趣味知识

　　回锅肉是四川名菜，传说这道菜是从前四川人初一、十五打牙祭（改善生活）的当家菜。四川人家祭，多在初一、十五，煮熟的二刀肉乃是祭品的主角，俗称"刀头"。家祭事毕，正当"刀头"温度适中，老成都俗话说："好刀敌不过热刀头"是历代川厨对厨艺知识的精妙总结。回锅肉有两个评判标准：①肉片下锅爆炒，俗称"熬"，必须熬至肉片呈茶船状，成都人说："熬起灯盏窝儿了"；②肉片的大小是筷子夹起时会不断抖动。达不到上述两个标准，必是失败的回锅肉。老成都煮刀头，必以小块老姜拍散、正宗南路花椒数粒共同下锅，人们为了节省燃料，提高效率，绝大多数会将刀头与萝卜同煮（煮时需要不断打去浮沫）。吃过这种肉汤萝卜，然后再夹起"回锅肉"入口，此刻你方可领略老成都"原汤化原食"乃是何等美妙！本菜的主要辅料包括：产地出自犀浦和唐昌的郫县豆瓣，甜酱，德阳酱油或者中坝酱油，缺一不可。蒜苗必须是成都周边郊县土产的本地香蒜苗。

菜肴实例： 炒肚丝茴香（如图 2-2-6 所示）

主料： 熟猪肚 250 克、鲜茴香 50 克

调料： 精盐 2 克、味精 2 克、绍酒 5 克、胡椒粉 1 克、醋 5 克、酱油 5 克、芝麻油 5 克、葱 5 克、姜 5 克、色拉油 500 克

工艺流程： 原料改刀——肚丝过油——炝锅——主料加调料炒匀——出勺装盘

制作过程：

1. 将猪肚切成 6 厘米长的丝，茴香洗净切寸段，葱、姜切成细丝。

2. 勺内放入油烧至六成热时，放入肚丝迅速划一下出勺。

图 2 - 2 - 6 炒肚丝茴香

3. 勺内放底油，油热放入葱姜炝锅，放入肚丝煸炒，烹入料酒、醋、酱油，加入茴香继续炒，边炒边加入盐、味精、胡椒粉、香油，炒匀出勺装盘即可。

技术关键：

1. 猪肚直接煮熟再改刀炒。

2. 炒时要旺火速炒，即保持茴香的翠嫩，又能使茴香的味挥发出来。

质量标准： 肚丝软烂，茴香味突出，咸鲜适口。

趣味知识

茴香是一种很常见的菌藻类蔬菜，营养价值很高，既可以做蔬菜、又可以做香料。大、小茴香都是常用的调料，是烧鱼炖肉、制作卤制食品时的必用之品。因它们能除肉中臭气，使之重新添香，故曰"茴香"。大茴香即大料，学名叫"八角茴香"。小茴香是调味品，而它的茎叶部分也具有香气，常被用来作包子、饺子等食品的馅料。它们所含的主要成分都是茴香油，能刺激胃肠神经血管，促进消化液分泌，增加胃肠蠕动，排除积存的气体，所以有健胃、行气的功效。小茴香还有抗溃疡、镇痛等作用，食用方法为：取小茴香少许，炒后煎汤去渣，然后加大米，煮成米粥食用。新鲜茴香种子与叶皆可泡澡，以消除疲劳、治疗手脚寒冷。茴香其叶、种子、嫩茎皆可作为蔬菜食用，或用于撵煮煮高汤。也因其有除臭功能，而常与鱼类或带腥味的肉类一起烹调，以消除其腥臭；印度人也常在饭后咀嚼种子祛除口臭。罗马人也利用其助消化的特性，加在饭后甜品中，或做成调味料。茴香可增加授乳妇女乳汁分泌，故也有丰胸良效。《中国药典》载有茴香制剂是常用的健胃，散寒，行气，止痛药。茴香烯能促进骨髓细胞成熟和释放入外周血液，有明显的升高白细胞的作用，主要是升高中性粒细胞，可用于白细胞减少症。多食茴香会有损伤视力的副作用，不宜短期大量用，每天应以十克为上限。

三、抓炒

技法介绍：

抓炒也叫脆炒，主料经过刀口处理成丁、条、片，挂糊上浆，然后过油炸透，再行勾汁翻炒即成。

抓炒挂糊的方法，一是用鸡蛋清淀粉抓糊；二是全部用湿淀粉抓糊，抓炒的油炸油温达到六成热以上，使原料短时间定型，保持原料内部水分，达到外脆里嫩。同时，要注意先后下锅炸的主料，色泽要相互基本一致。用汁不能过多，否则不能突出主料，甚至会喧宾夺主。当然，汁也不能太少，少了包不住主料，达不到口味要求，没有滋味。

抓炒菜的特点是：甜酸鲜咸，质地脆嫩。

菜肴实例：抓炒鱼片（如图2-2-7所示）
主料：鳜鱼肉150克
调料：酱油10克、醋5克、味精2.5克、白糖15克、绍酒7.5克、姜末2.5克、葱末2.5克、湿淀粉100克、花生油500克、熟猪油30克
工艺流程：原料改刀——挂糊油炸——炝锅——投入原料——淋入碗汁——装盘出勺

图2-2-7 抓炒鱼片

制作过程：

1. 把鳜鱼肉去净皮和刺，片成长3.3厘米、宽2.6厘米、厚0.5厘米的片，用湿淀粉85克抓匀浆好。

2. 将花生油倒入炒锅中，置于旺火上烧到六成热时，将浆好的鱼片逐片放入炒锅内炸，这样可避免鱼片粘在一起或淀粉与鱼片脱开。待外皮焦黄，鱼片已熟捞出。

3. 把酱油、醋、白糖、绍酒、味精和湿淀粉15克一起调成芡汁。炒锅内倒入熟猪油20克，置于旺火上烧热，加入葱末、姜末稍炒一下，再倒入调好的芡汁，待炒成稠糊状后，放入炸好的鱼片翻炒几下，使汁挂在鱼片上，再淋上熟猪油10克即成。

技术关键：

1. 主料一定要用新鲜刺少肉质洁白的鳜鱼或草鱼。

2. 在正常油温下，炸 2～3 分钟，即可炸熟炸透。炸熟的标准为：鱼片发挺，呈金黄色，浮上油面，此时用手勺搅油，发出响声，即是鱼肉熟透的成熟标志。

3. 抓炒鱼片的调味是酸甜咸鲜，糖酸比一般菜少，兑汁时正确的糖、醋、酱油比例为 6：3：2。

4. 翻勺不能用手勺或手铲，否则鱼片易碎，不能保证完整的造型。

质量标准：色泽金黄，外脆里嫩，明油亮芡，入口香脆，外挂粘汁，无骨无刺，酸甜咸鲜。

菜肴实例：抓炒里脊（如图 2-2-8 所示）

主料：猪里脊 200 克

辅料：豌豆 5 克、胡萝卜 5 克、冬笋 5 克

调料：盐 1 克、酱油 5 克、醋 5 克、白糖 10 克、料酒 5 克、湿淀粉 60 克、蛋清 1 个、油 750 克（实耗 50 克）、香油 1 克、葱姜蒜、味精各少许

工艺流程：原料改刀——挂糊——油炸——炝锅——投入原料——浇淋碗汁——装盘出勺

图 2-2-8　抓炒里脊

制作过程：

1. 先把里脊肉切成 1 厘米厚片，剞十字花刀，再改成象眼块，倒入少许料酒、蛋清、盐拌匀入味，再放入淀粉（玉米）轻轻抓匀。冬笋、胡萝卜、大葱均切丁，姜、蒜切末。

2. 用大火把锅烧热，倒进油，等油六成热时，把裹好淀粉糊的肉放到锅里炸，炸至外皮焦脆捞入漏勺。

3. 把适量的湿淀粉、糖、醋、酱油、盐、味精、料酒合成汁。另起锅烧热，加入底

油，油热倒入葱姜末，辅料炒香，再将炸好的肉倒入，浇淋碗汁颠翻炒匀，再浇点明油便可食用。

技术关键：

1. 里脊挂的糊介于浆与糊之间，不易过厚过硬。

2. 淋汁时火候要旺，否则里脊回软。

质量标准：色泽金黄，外脆里嫩，酸甜咸鲜。

趣味知识

　　相传慈禧太后喜爱游山玩水，最喜欢看香山红叶。有一次去香山，问及看山者是谁，有人就把王玉山之父引来相见。慈禧念其祖辈看山有功，当下封他"香山山王"，并准其子王玉山进宫当个听差的"火头军"。王玉山有幸进宫，听差自然尽心尽力。也该他时来运转，有一天，慈禧用晚饭，御膳房照例做了许多玉馔珍馐。一道一道进上之后，却不合老佛爷的胃口，筷子一动也没动。上菜的听差回厨房，将此情形一讲，可吓坏了御厨师们。正没主意时，烧火的王玉山走出来，他自称有办法使老佛爷高兴，于是便拿出他的看家本领——糖酥里脊。不多时菜做好了。听差将王玉山做的"糖酥里脊"端了上去时，果然受到慈禧垂青。她从没见过这样的菜，举起象牙筷子，夹起一块又一块送进嘴里，感到非常的爽口，真是妙不可言。忙问上菜的听差菜名是什么，听差本来也不知其名，心中又发慌，忽然灵机一动。就根据刚才看的王玉山做菜时的乱抓的手势，脱口答了一句："禀老佛爷，这菜乃是'香山山王'之子王玉山所烹，名曰'抓炒里脊'。"老佛爷吃得高兴，立即传出口谕，封火王玉山为"抓炒王"。圣谕传下来，非同小可，王玉山做梦也没想到因听差胡诌得官。"抓炒里脊"也因此而名扬天下了。王玉山自从被提升为御厨后，出于对老佛爷的感恩戴德，日后自然更加尽心尽力。他后来相继推出的"抓炒鱼片"、"抓炒腰花"、"抓炒大虾"和"抓炒里脊"一道被称为清代宫廷菜"四大抓炒"，也成了北京风味名菜中的代表作品。"抓炒王"的美名也一直在民间流传着。

四、干炒

技法介绍：

　　干炒又叫干煸和焦炒。把原料经过较长时间的煸炒，使其水分炒干，也可为缩短烹调时间直接将原料油炸或将原料用水余后抖粉过油炸脆，再行烹调。

　　干炒的主料也是用生的，不上浆，不挂糊，不带芡汁。原料一般都切成丝状形，其丝可略粗于其他炒菜的丝状主料，有的炒前可先用调料腌一下。干炒用的锅，要先烧热，再用油涮一下，把涮锅的油倒出，再放入底油。其火力先大后小，以防把菜炒煳。如果炒的数量较大，可将主料先用调料腌一下，再用宽油、中火缓炒，待去掉一些水分后，再放底油、加配料和调料同炒，这样能防止炒时费时费力。干炒的调料，一般多用豆瓣辣酱、花椒、胡椒等。

干炒菜的特点是：主料干香酥脆，味麻辣或鲜咸，越嚼越香，后味颇佳。

菜肴实例：干煸牛肉丝（如图2-2-9所示）

主料：牛里脊肉250克

辅料：芹菜100克

调料：川盐1克、酱油10克、郫县豆瓣25克、花椒粉1克、姜丝15克、芝麻油10克、熟菜油150克

工艺流程：原料改刀——牛肉丝热油煸炒——调味继续煸炒——出勺装盘

图2-2-9 干煸牛肉丝

制作过程：

1. 将牛肉切成8厘米长，0.3厘米粗的丝，芹菜切成4厘米长的段。郫县豆瓣剁细。

2. 炒锅置旺火上，下熟菜油100克，烧至七成热，下牛肉丝反复煸炒至水气将干时，下姜丝，川盐，郫县豆瓣继续煸炒，并加入余下的菜油，煸至牛肉丝将酥时下酱油，下芹菜，炒至芹菜断生时，起锅装盘，撒花椒粉即成。

技术关键：

1. 牛肉丝粗细要均匀，不易过粗。煸炒时用中火，热油，入锅后要不断翻拨至锅中油不见水时，再加调料配料煸至干香而成。

2. 如要节省时间，牛肉丝可先炸一炸后再煸。或者肉丝焯水后趁热抖粉炸。

质量标准：酥软柔韧化渣，干香味浓，麻辣咸香。

趣味知识

　　干煸，是四川独有的烹制法干煸成菜。干煸牛肉是四川盐都自贡的名菜。自贡市以产井盐为主，经济富裕，饮食业也兴旺发达。清末嘉庆年间，在自流井与贡井交汇处的斗破大槐树下有一饭摊，摊主严嗣原在大盐商家掌厨，烧得一手好菜，因为不堪忍受老板的虐待，辞了伙计回家以设摊卖菜为生。一天，有一位相公打扮的老汉来严嗣饭摊前对严肆说："听说你烧得一手好菜，有没有适合我老汉吃的牛肉"，严嗣一听来了顾客，又看看还有牛腱子肉忙说："您老请坐，我这就给您烧来"，不到一杆烟的工夫，一盘烧的褐红油亮，配有鲜脆蒜苔的牛肉丝端上来，老汉一尝直感觉牛肉丝不仅酸甜适宜还有醪糟的油香连说："要的，要的"，吃罢摸出一两纹银放在桌上，临走时又说："两天后我还来"。后来得知这位相公是难得下山的大盐商诸家嗣老爷，经他的宣扬，这道干煸牛肉丝的名声响彻远近，盛传了两百多年。

菜肴实例：干炒扁豆（如图 2-2-10 所示）

主料：嫩扁豆 500 克

辅料：猪肥瘦肉 100 克、豆芽菜 50 克

调料：盐 3 克、醪糟汁 20 克、酱油 15 克、味精 1 克、麻油 10 克、花生油 500 克（实耗 30 克）、葱、姜末各 10 克

工艺流程：原料改刀——扁豆过油——炝锅炒肉末——放入扁豆调料——煸炒入味出勺

图 2-2-10　干炒扁豆

制作过程：

1. 选鲜嫩扁豆，择去两头洗净。猪肉剁末。芽菜切末。

2. 烧沸花生油，下入扁豆炸熟，倒入漏勺。

3. 锅内放油烧热，下入肉末、葱、姜炒散，加入酱油，炒干肉末放入扁豆，再下入芽菜、调料，旺火翻炒均匀入味淋麻油，即可出勺装盘。

技术关键：

1. 扁豆直接炸熟，炸出水分但不能炸干，保持绿色。

2. 肉末炒干炒出香味，再放扁豆及调料。

3. 没有醪糟汁，可放料酒加少许白糖。

质量标准： 颜色茶红，扁豆干香鲜嫩，咸鲜略甜。

趣味知识

　　制作扁豆时，一定要里外都熟透，否则容易引起中毒。中毒原因是因为扁豆中含有一种称为皂甙（也有称为皂素）的天然有毒物质，加工不当可引发食物中毒。扁豆中毒潜伏期短，一般为2～4小时，中毒者会出现恶心、呕吐、腹痛腹泻、头疼、头晕、心慌胸闷、出冷汗、手脚发冷、四肢麻木、畏寒等症状，经及时治疗大多数病人在24小时内即可恢复健康，无死亡。专家指点，扁豆的加工方法是要以破坏这种有毒物质为原则，比如把扁豆均匀加热至100℃，再小火煮10分钟，也可在93℃加热30～75分钟，或121℃加热5～10分钟，均可有效破坏其中的有毒物质。因为扁豆所含的毒性物质能被持续高温破坏，所以炒菜时不要贪图脆嫩，应充分加热，使扁豆颜色全变，里外熟透，吃着没有豆腥味，这样就能避免中毒。特别是集体用餐单位如建筑工地食堂、机关学校集体食堂、接待会议或宴会的饭店招待所，这些场所是扁豆中毒的高发区，必须掌握完全熟透的原则。

五、爆炒

技法介绍：

　　爆炒用极快的速度来炒。一般选用易于成熟的原料，或是将主料先进行花刀处理，再热油冲炸，然后烹汁爆炒。也有将主料腌渍入味之后直接用烈油爆炒。

　　主料一般是韧性强的鸡胗、鸭肠、肚头、腰子，并进行剞刀处理（刀口要深、透、均匀），主料上浆不要过干，以免遇热成团。烹调时，注意炸、爆炒紧密衔接配合好，不能互相脱节。所用的芡汁不要过多过少、过稠过稀。要做到芡汁和主料交融在一起，突出主料外形的美，吃后盘底无汁为佳。直接爆炒的原料，需要腌渍的，要腌渍一定时间使其入味。

　　爆炒菜的特点是：芡汁薄而少，外形美观，质地香脆嫩。

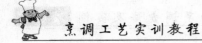

菜肴实例：鱼香肉丝（如图 2-2-11 所示）

主料：猪瘦肉 200 克

辅料：冬笋 50 克、水发木耳 50 克

调料：醋 10 克、盐 2 克、酱油 1 克、白糖 10 克、葱花 25 克、蒜粒 15 克、姜粒 10 克、泡红辣椒 20 克、湿淀粉 25 克、肉汤 25 克、混合油 60 克

工艺流程：主辅料改刀——肉丝上浆——热锅热油炒主料——投入辅料——倒入汁水——出勺装盘

图 2-2-11 鱼香肉丝

制作过程：

1. 猪肉切成 10 厘米长、0.3 厘米粗的丝。冬笋、木耳切成丝，泡红辣椒剁成茸，把肉丝放入碗内，加盐 1 克、湿淀粉 20 克拌匀。另取碗放白糖、盐、醋、酱油、肉汤、湿淀粉兑成汁。

2. 炒锅置旺火上，下入油烧至六成热，下入肉丝炒至散籽发白，加入泡辣椒、姜、蒜粒炒香上色，加入冬笋丝、木耳丝、葱花炒匀，烹入汁水颠翻几下收汁亮油，起锅装盘即可。

技术关键：

1. 肉丝注重刀工，重在配味，突出辣味、姜、葱、蒜的辛香味，特别是醋、姜味的突出。

2. 调味时应注意掌握好汁水的多少，用芡的厚薄以及调料下锅的时间。

质量标准：成菜色泽红亮，肉丝咸甜酸辣兼备，鱼香鲜味浓郁。

趣味知识

　　"鱼香口味"是四川独特的味型之一，"鱼香肉丝"为川菜的中鱼香味型的代表菜。相传很久以前在四川有一户生意人家，他们家里的人很喜欢吃鱼，对调味也很讲究，所以他们在烧鱼的时候都要放一些葱、姜、蒜、酒、醋、酱油等去腥增味的调料。有一次晚上这个家中的女主人在炒另一个菜的时候，为了不使配料浪费，她把上次烧鱼时用剩的配料都放在这道菜中炒和，当时她还以为这道菜可能味道不是很好，家中的男人回来后不好交代，她正在发呆之际，她的老公做生意回家了。老公不知是肚饥之故还是感觉这道菜的特别，还没等开饭就把菜吃光了，他迫不及待地问老婆此菜是怎么做的，她正在结结巴巴时，意外地发现老公连连称赞菜之味，她老公见她没回答，又问了一句"这么好吃是用什么做得"，就这样老婆才一五一十地给他讲了一遍。这道菜是用烧鱼的配料来炒和其他菜肴，使其美味无穷，所以取名为鱼香炒，因此得名。

菜肴实例：宫保鸡丁（如图 2-2-12 所示）
主料： 嫩公鸡脯肉 300 克
辅料： 油酥花生米 50 克
调料： 川盐 2 克、酱油 25 克、味精 2 克、绍酒 25 克、白糖 15 克、醋 10 克、干红辣椒 15 克、花椒 5 克、葱姜蒜各 10 克、汤 50 克、油 80 克、湿淀粉 35 克

工艺流程： 原料改刀——鸡丁上浆——兑制芡汁——旺火热油炒辣椒、花椒、鸡丁——烹入芡汁——颠翻均匀出勺

图 2-2-12　宫保鸡丁

制作过程：

1. 将鸡脯拍松，片成 3 分厚的大片，剞十字花刀，再切成 2 厘米见方的丁，放入碗内

加盐 1 克、酱油 10 克、湿淀粉 30 克、绍酒 10 克上浆，干辣椒去籽切成短节，葱切成短节，姜、蒜切成小片。

2. 取碗放入汤、川盐、白糖、醋、酱油、绍酒、味精、湿淀粉，兑成芡汁。

3. 炒锅置旺火上，放入油烧至六成热，放入干辣椒，待炸成棕红色时，下入花椒、鸡丁炒散，再加入姜、蒜、葱炒出香味，烹入汁水，加入花生仁，颠翻几下，起锅装盘即可。

技术关键：

1. 要选择当年的嫩公鸡，改刀时鸡肉要拍松，剞花刀切丁，便于入味成熟。

2. 调味中要以足够的盐作底味，甜、酸比重要酸稍重于甜。

3. 葱、姜、蒜仅取其辛香，用量不宜过重。

4. 干辣椒炒至棕红色为度。鸡丁上芡宜厚，芡汁用芡宜薄。花生仁不宜早下锅。

质量标准： 色泽棕红，散籽亮油，辣香酸甜，滑嫩爽口，小荔枝味浓郁。

趣味知识

相传宫保鸡丁是由四川总督丁宝桢发明。丁宝桢原籍贵州，清咸丰年间进士，曾任山东巡抚，后任四川总督。他一向很喜欢吃辣椒与猪肉、鸡肉爆炒的菜肴，据说在山东任职时，他就命家厨制作"酱爆鸡丁"等菜，很合胃口，但那时此菜还未出名。调任四川总督后，每遇宴客，他都让家厨用花生米、干辣椒和嫩鸡肉炒制鸡丁，肉嫩味美，很受客人欢迎。后来他由于戍边御敌有功被朝廷封为"太子少保"，人称"丁宫保"，其家厨烹制的炒鸡丁，也被称为"宫保鸡丁"。在形制方面，它以干红辣椒为基础，再加适量的花椒，配以油炸过的花生米；在味道方面，它是在咸的基础上加入了适量的白糖和醋，故味道是稍有甜酸，微带麻味，但仍以辣味为主，是川菜中被叫做"荔枝味"类型的菜肴。

菜肴实例： 火爆燎肉（如图 2-2-13 所示）

主料： 猪臀尖肉

调料： 酱油 10 克、甜面酱 15 克、绍酒 25 克、味精 2 克、芝麻油 10 克、花生油 125 克、葱姜蒜各 10 克

工艺流程： 原料改刀——加调料腌制——旺火热油炒——出勺装盘

制作过程：

1. 将猪肉洗净，切成长 4.5 厘米，宽 2.5 厘米，厚 0.2 厘米的片。葱姜切丝，蒜切片。

2. 将葱姜丝、蒜片与酱油、绍酒、芝麻油、甜面酱、味精放入肉片中，一起搅拌均匀，腌制 10 分钟。

图 2-2-13 火爆燎肉

3. 勺内放花生油，用旺火烧至九成热时，立即放入腌制好的肉片，此时火苗沿勺边直上，引燃勺里的油，随即用手勺急速拨搅肉片，同时颠翻炒勺，使肉片在热油中炒燎，使之成熟，装盘即成。

技术关键：

1. 腌制时间要长些使之肉片入味。

2. 要掌握好火候，手勺拨搅、炒勺颠翻配合动作要迅速，甜面酱不能炒成黑色，过火食之味苦。

质量标准：颜色紫红，香嫩咸鲜，略带燎焦香味。

此菜是济南地区别具一格的风味菜肴，采用鲁菜"火爆"的技法，在旺火高油温中，引燃油料，动作迅速急炒原料，使之带有燎焦原料特有的香味。

菜肴实例：火爆大头菜（如图 2-2-14 所示）

主料：大头菜 300 克

辅料：干红辣椒 3 只、麻椒粒 5 克

调料：美极鲜酱油 10 克、味精 2 克、料酒 5 克、葱姜油 5 克、精盐 2 克、蒜 10 克、色拉油 500 克（实耗 30 克）

工艺流程：原料改刀——主料冲炸——辅料炝锅——倒入主料调料——旺火迅速炒匀

图 2-2-14 火爆大头菜

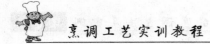

制作过程：

1. 将大头菜洗净，掰成 4 厘米见方块，干辣椒切成细丝，蒜切片。将酱油、精盐、味精、料酒装入一个小碗内调匀。

2. 勺内放入油烧至八成热，将大头菜放入冲炸一下，倒入漏勺内沥净油。

3. 勺内放少许油，加干辣椒丝、麻椒粒、蒜片炒出香味，倒入大头菜烹入汁水颠翻均匀，淋葱姜油，出勺装盘。

技术关键：

1. 此菜关键在火候，火力不够，油温不够，均达不到脆嫩的质感。

2. 操作时动作要快，火力旺而动作慢不能协调配合，原料易糊，同时达不到脆、嫩、麻、辣、爽的效果。

质量标准： 大头菜脆爽无汁，口味麻辣清香。

六、软炒

技法介绍：

软炒是将生的主料加工成泥茸状，用汤或水使其成液态，再用适量的热油拌炒即成。或将主料经过调味品拌腌后，用蛋清、淀粉挂糊，再放入温油锅里炒炸，待油温逐渐升高后离火，最后加入配料同炒，颠翻数下即成。

软炒的操作要点是：用汤或水将主料调成粥状过笊。在调主料时，不要加味，也不要用刀搅拌，以免原料变稠而不好过笊。加水或汤也不要过量，否则影响炒制。在主料下锅后，要注意使原料散开，以免主料连成块，并立即用手勺急速推炒，使其全部均匀地受热凝结，以免挂锅边。若发生挂锅边现象，可顺锅边点少许油，再行推炒至主料凝结为止。在火候掌握上，菜的主料炒成棉絮状即可，不要过分推炒，以免脱水变老。用油要适量，油太少容易粘锅。

软炒菜的特点是：质地软而细腻，嫩滑味咸鲜，清淡利口。

菜肴实例： 黄埔炒蛋（如图 2-2-15 所示）

主料： 鸡蛋 250 克

调料： 花生油 300 克、精盐 1.5 克、味精 3 克

工艺流程： 主料、调料一起搅散——热锅下油涮锅——炒蛋——装盘

制作过程：

1. 鸡蛋液加入味精、精盐、花生油 75 克搅成蛋浆。

2. 炒锅中火烧热，下油涮锅润滑后倒回油盆，再下油 15 克，倒入蛋浆，边倒，边铲动边下油，炒至刚成熟出勺装盘。

图 2 - 2 - 15　黄埔炒蛋

技术关键：

1. 炒蛋时火力一直保持中火。

2. 视蛋刚刚凝固为正好。

3. 铲动要顺一个方向，如来回搅动蛋液易澥。

4. 切忌放葱花同炒，否则失去传统风味。

质量标准： 色泽金黄，香嫩软滑。

趣味知识

　　"黄埔炒蛋" 是价廉物美的传统名菜，据说出自黄埔船民之手，故名。这道菜既不是炒滑蛋也不是煎蛋，状如一块金黄的布，用料简单，但制作也非常讲究。但凡吃过的人总会留下深刻的印象，那就是鲜嫩、香滑、油润。一天黄昏停泊在黄埔的水上船民突有亲友到访，一时买不到什么好菜，水中人家习惯在船尾养鸡，于是随手拾到鸡蛋炒了待客，急切间连葱姜都没有放，但那碟蛋炒的香嫩无比，客人连连称赞。后经名厨改进而成为市肆名菜。

菜肴实例： 大良炒鲜奶（如图 2 - 2 - 16 所示）

主料： 鲜牛奶 250 克、鸡蛋清 250 克

辅料： 鸡肝 25 克、蟹肉 25 克、虾仁 25 克、炸榄仁 25 克、熟瘦火腿 15 克

调料： 味精 3.5 克、精盐 4 克、干淀粉 2 克、熟猪油 500 克

工艺流程： 辅料改刀——辅料初步熟处理——牛奶与辅料同倒入搅拌——热锅润勺——炒成糊状装盘

制作过程：

1. 火腿切成约 1.5 厘米见方的小粒。鸡肝切成长、宽各 2 厘米的片。

图2-2-16 大良炒鲜奶

2. 将鸡肝放入沸水锅滚至刚熟，倒入漏勺沥去水。用中火烧热炒锅，下油250克，烧至四成热，放入虾仁、鸡肝过油至熟，倒入漏勺沥去油。

3. 用中火烧热炒锅，下牛奶，烧至微沸盛起，将已用牛奶调匀的干淀粉、鸡蛋清、鸡肝、虾仁、蟹肉、火腿一并倒入拌。

4. 用中火烧热炒锅、下油搪锅后倒回油盆，再下油25克，放入已拌料的牛奶，边炒边翻动边加油2次（每次20克），炒成糊状，再放入榄仁，淋油5克，炒匀上碟。

技术关键：

1. 先用牛奶与干淀粉调匀，避免淀粉成粒状。炒奶时要顺一方向搅动，下油分量适中，否则不能保持光亮润滑。

2. 宜用中火，火过则易泄水，装盘不能堆成山形，影响美观及口感。

质量标准： 成品似山形，呈乳白色，鲜明油亮，奶茨嫩滑，各料鲜爽软韧皆备。

趣味知识

　　大良古称凤城，为鱼米之乡，人们在饮食上比较讲究，尤其善于炒、蒸各类菜肴，故有"凤城炒卖"之说。1932年上海新雅粤菜馆开张伊始，便有"大良炒鲜奶"这个菜供应。当时是照搬广东的做法，将蛋清、鲜奶、生粉调好后直接放入小油锅中推炒而成，行话称"硬炒"。但操作难度较大，稍过一火候便会炒焦，质老，且不能大批操作。新雅名厨师殷九、殷光、单明道、姜介福等不断摸索，突破传统习惯，吸取"芙蓉鸡片"的做法，改"硬炒"为"软炒"，将调好的鲜鸡蛋浆放入大的温油锅中，待其自然凝结再滤油炒成。这样做成的鲜奶，色泽白净，软嫩如豆腐。于是，这种做法很快在上海流传开来。此菜因其口味清淡，奶香浓郁，一直深受食客青睐。

七、清炒

技法介绍：

凡是单一主料炒成的菜肴，都可以叫清炒。

清炒的方法与滑炒基本相同，但芡汁不同。所用主料必须新鲜细嫩。加工时刀口要整齐划一，否则影响质量和美观。清炒菜的主料一般要上浆，经滑和炒之后，或经焯水后，使之清爽利落，火力大小要掌握适当。

清炒菜的特点是：口味多是咸鲜，清爽利口，不粘糊成团。

菜肴实例： 清炒虾仁（如图 2-2-17 所示）

主料： 虾仁 300 克

辅料： 熟豌豆粒 20 克

调料： 盐 4 克、味精 3 克、料酒 10 克、清汤 20 克、葱 4 克、姜 3 克、香油 2 克、鸡蛋清 1 个、湿淀粉 10 克、干淀粉 15 克、色拉油 300 克

工艺流程： 原料上浆——原料滑油——炝锅——倒入主料辅料调料——炒匀出勺装盘

图 2-2-17 清炒虾仁

制作过程：

1. 将虾仁放入碗内，加蛋清、湿淀粉、干淀粉、1 克盐上浆抓匀，葱姜切末。

2. 勺内放色拉油烧至四成热时，把浆好的虾仁倒入勺内划散，八成熟时倒入漏勺内，沥净油。

3. 勺内放入底油烧热，用葱姜末炝锅，放入虾仁、豌豆煸炒，加入盐、味精、料酒、清汤翻炒均匀，淋上香油出勺装盘即成。

技术关键:

1. 虾仁上浆时要稀薄,视虾仁的含水量多少酌加干淀粉。

2. 滑油时油温不能太低,防止出现脱浆现象,油温高滑不开粘连一起,虾仁上色质地老。

3. 操作时火要旺,动作要快保持虾仁鲜嫩。

质量标准: 色泽洁白,质地软嫩,口味咸鲜。

趣味知识

虾仁的营养丰富,含蛋白质是鱼、蛋、奶的几倍到几十倍;还含有丰富的钾、碘、镁、磷等矿物质及维生素 A、氨茶碱等成分,且其肉质松软,易消化,对身体虚弱以及病后需要调养的人是极好的食物;虾中含有丰富的镁,镁对心脏活动具有重要的调节作用,能很好地保护心血管系统,它可减少血液中胆固醇含量,防止动脉硬化,同时还能扩张冠状动脉,有利于预防高血压及心肌梗死;虾的通乳作用较强,并且富含磷、钙、对小儿、孕妇尤有补益功效;虾仁体内很重要的一种物质就是虾青素,就是表面红颜色的成分,虾青素是目前发现的最强的一种抗氧化剂,颜色越深说明虾青素含量越高。广泛用在化妆品、食品添加中以及药品中。日本大阪大学的科学家最近发现,虾体内的虾青素有助于消除因时差反应而产生的"时差症"。

菜肴实例: 韭黄炒蛏子肉(如图 2-2-18 所示)

主料: 活蛏子 500 克

辅料: 韭黄 250 克、鲜红辣椒 1 个

调料: 精盐 3 克、味精 2 克、绍酒 4 克、姜丝 2 克、色拉油 25 克、香油 2 克、生粉 2 克

工艺流程: 原料改刀——原料焯水——炝锅——主料调料——起煸炒——成熟入味出勺

图 2-2-18 韭黄炒蛏子肉

制作过程：

1. 取出蛏子肉用 90℃ 水焯一下，控净水分。韭黄洗净切成寸段，红辣椒洗净切成丝。

2. 勺内放油烧热，用姜丝、红辣椒丝炝锅，烹入绍酒，放蛏子、韭黄翻炒，加盐、味精，用生粉勾芡，淋香油炒匀出勺。

技术关键：

1. 活蛏子要用水喂养两天，吐净泥沙。

2. 蛏子焯水切忌用沸水。

3. 韭黄炒时间不宜长，加盐，味精宜用手撒入，入味均匀。

4. 加入主料后要旺火速炒，保持原料鲜嫩，原料香气得以挥发。

质量标准： 蛏肉鲜嫩，韭黄清香，鲜咸味美

趣味知识

蛏肉含丰富蛋白质、钙、铁、硒、维生素 A 等营养元素，滋味鲜美，营养价值高，具有补虚的功能。蛏肉嫩而鲜，风味独特，是佐酒的佳肴。古人曾有诗赞道："沙蜻四寸尾掉黄，风味由来压邵洋；麦碎花开三月半，美人种子市蛏秧"。

任务三　炸

炸是用较多油量，根据不同原料采用不同火候制作菜肴的烹调方法（一般油量比原料多几倍，饮食业称"大油锅"）。

炸，是我国烹调方法中的一个重要技法，应用极为广泛，同时，它又是许多技法的基础。炸的技法，以大油量为主要特点。实际运用中，因原料质地、形状和口味要求不同，炸的火力，不但有旺火、中火、小火之分，也有先旺后小、先小后旺之别。油的温度，不但有沸油、热油、温油之分，也有先热后温、先温后热之别，有的还要冷油下锅。所以，具体炸制时，既要考虑到原料质地老嫩和体积大小，又要善于运用火力，调节油温和加热时间；还要用目力观察色泽变化，配以技术操作方法，才能制出风味不同的可口炸菜。用这种方法加热而成的菜肴大部分要间隔炸两次。用于炸的原料加热前一般用调味品腌渍，加热后往往随带辅助调味品（如椒盐、辣酱油等）上席。

炸制菜肴的特点是香、酥、脆、嫩、色泽美观、形态各异等。由于所用原料的质地及制品的要求不同。炸可以分为以下几种：清炸、干炸、软炸、酥炸、脆炸、松炸、纸包炸、卷包炸、浸炸、浇炸、板炸等。

一、干炸和清炸

技法介绍：

干炸又称焦炸。把经过调料腌渍，再拍蘸适量淀粉、面粉、湿淀粉的主料，或主料内拌入淀粉、湿淀粉，放入油锅内炸成。

清炸是原料调味后，不经糊浆处理，不拍粉，直接入热油锅加热成菜的一种炸法。

清炸菜的脆嫩度不及挂糊类炸的菜肴，但是，在炸制过程中，原料脱水，浓缩了原料的本味，又使纤维组织较为紧密，加上它的干香味，因而具有一种特殊的风味。一种是本身具有脆嫩质地的生料，还有一种特殊类型的清炸，即原料事先蒸酥或煮酥，然后再炸脆外表，如名菜香酥鸭，成菜表层香脆，里边酥嫩。生料清炸菜因没有糊浆的遮挡，原料直接与热油接触，因此水分流失，而操作时既要保证原料成熟，表面略带脆性，又要尽可能减少水分损失，这样对原料选择、油温控制和火候掌握要求都很高。干炸菜肴大多数经过两次炸制，第一次以中油温使原料接近成熟、定型；第二次以高油温短时间使原料表层脱水变脆。为了便于同时成熟，原料必须加工得大小厚薄均匀。干炸菜肴挂于原料表面的粉糊经油炸后结成糊壳，脱水变脆，有效地阻隔了油与原料的直接接触，减少水分和营养成分的流失，保证菜肴的鲜嫩，提高菜肴的营养价值。清炸和干炸，一般都是用生的原料（大多为碎料），而且都用调味料腌渍，然后投入油锅去炸。油的热度和炸的时间也大体相同，都属于旺火热油速成，油炸工序有一次炸成或两次炸成。主料刀工处理后形状有方块、菱形块、三角块，也有圆形或小型整料的，有的为了便于成熟美观需要剞上花刀。虽然是这样微小的区别，却形成了两种不同技法和两种风味特色。

干炸的特点：外脆里嫩，色泽焦黄。

清炸的特点：金红色或棕褐色，本味浓，外干香内脆嫩。

菜肴实例：干炸丸子（如图2-3-1所示）

主料：肥瘦猪肉（肥三瘦七）300克

辅料：鸡蛋一个、湿淀粉100克

调料：精盐2克、味精2克、料酒5克、葱姜汁5克、椒盐适量、油750克（实耗30克）

工艺流程：猪肉剁馅——加调料拌匀——锅内放油烧热——肉馅挤成丸子下入油内——炸熟捞出即可

制作过程：

1. 先将猪肉剁成馅，加鸡蛋、湿淀粉、盐、味精、葱姜汁和匀成馅。

2. 勺内放油烧至五成热，将肉馅挤成丸子放入油内，炸熟成金黄色捞出，沥净油装盘。

图 2-3-1　干炸丸子

技术关键：

1. 肉馅剁细些挤成的丸子才能圆。

2. 淀粉量不宜过多，肉馅搅拌要上劲有黏性。

3. 油炸开始五六成热时，保持中火下入丸子，待丸子定型成熟时捞出，油温升高七八成热时再冲炸一下，使其外脆，颜色一致。

质量标准：色泽金黄，外脆里嫩，香醇适口。

菜肴实例：清炸鸡脏（如图 2-3-2 所示）

主料：鸡脏 250 克

调料：酱油 20 克、精盐 1.5 克、料酒 5 克、香油 3 克、油 750 克（实耗 30 克）

工艺流程：原料改刀——原料腌渍——旺火热油重炸

图 2-3-2　清炸鸡脏

制作过程：

1. 将鸡脏分成 2 块，外皮筋膜片掉，每块剞上交叉花刀，放入碗内，加酱油、盐、料酒、香油腌渍 20 分钟。

2. 勺内放油烧至八成热时，将鸡膛倒入漏勺内里去汁水，放入油中重炸即捞出，待油温再升至八成热再重炸一次，捞出沥净油即可装盘。

技术关键：

1. 鸡膛刀工均匀，成熟才能一致。

2. 油炸要旺火高油温，动作要迅速，二次重炸保持脆嫩。

质量标准： 鸡膛脆嫩，口味咸鲜。

二、软炸和松炸

技法介绍：

软炸，是将质嫩、形小的原料，经过腌渍后，挂上蛋清糊或全蛋糊，投入中油温中炸制成菜的一种烹调方法。

松炸，是将鲜嫩柔软的小型原料经过腌渍，挂蛋泡糊，在低油温的大油锅中慢慢加热成熟，成品外表洁白膨松绵软，内部鲜嫩柔软的一种炸法。

软炸的糊一般是用鸡蛋清加入面粉（或淀粉）调制而成的，也有全蛋加面粉（或淀粉）调制的糊。蛋清内含有较多蛋白质，一般来说，在高温中，加热时间越长，蛋白质凝固变化得越快，蛋清质地变得越硬；以中油温、较短时间加热，其凝固变化的程度则变小，蛋清质地较软，软炸即是利用这一特性的。松炸蛋泡糊是用鸡蛋清抽打成无数小气泡堆积起来并加干淀粉调成的。加热后，气泡中气体膨胀，也使糊壳膨胀起来。由于低油温，蛋清的洁白并不受到大的影响，最多略带杏黄色。外表脱水不严重，所以并不脆。蛋泡糊抽打起来后，加淀粉也是关键。淀粉遇热糊化，脱水变硬，数量过多，势必影响成菜质感；加粉太少，又会使蛋泡缺少支撑，原料难以挂上糊，即使挂上油余时也易脱落。蛋泡糊加粉后不宜多搅拌，调好即用。制作软炸和松炸菜时，油温不宜过高或过低，油温过高易炸色泽不匀，油温过低会使糊脱落浸油，一般掌握四五成热下料炸。一般以中火或小火慢慢加热。成菜一般跟随椒盐或其他蘸食调味品同时上桌。

软炸特点：色泽杏黄，外香软里鲜嫩。

松炸的特点：外松里嫩，鲜香可口。

菜肴实例： 软炸鸡（如图 2-3-3 所示）

主料： 鸡脯肉 200 克

辅料： 蛋清一个、淀粉 40 克、面粉 2 克

调料： 色拉油 500 克、香油 2 克、精盐 2 克、鸡汤 25 克、料酒 2 克、味精 1 克

工艺流程： 原料改刀——鸡肉腌渍入味——鸡肉挂糊——鸡肉油炸

图 2-3-3 软炸鸡

制作过程：

1. 将鸡脯肉片成 1 厘米厚的片，剞上交叉花刀，再切成 1.5 厘米宽，4 厘米长的条，放入碗内加精盐、味精、料酒腌渍 10 分钟入味。

2. 用鸡蛋清、鸡汤、淀粉、面粉和匀调成软糊，把鸡肉放入糊内抓匀挂糊。

3. 勺内放入油，烧至四成热时把鸡条逐条地放入油内，炸熟捞出装盘即可。

技术关键：

1. 剞花刀刀纹要间距相等，深浅一致。

2. 挂糊时要先和好糊，力求均匀、光滑、干稠适度。

3. 炸时油温不宜高，掌握五成热左右即可。

质量标准： 色泽洁白，鸡肉酥嫩，咸鲜味美。

菜肴实例： 炸雪衣银鱼（如图 2-3-4 所示）

主料： 鲜银鱼 200 克

辅料： 鸡蛋清 2 个、面粉 20 克、淀粉 25 克

调料： 精盐 2 克、味精 2 克、料酒 5 克、色拉油 1000 克（实耗 30 克）、椒盐少许

工艺流程： 银鱼腌渍入味——抽打蛋泡糊——调制蛋泡糊——银鱼沾糊入温油炸制

制作过程：

1. 将银鱼洗净，用精盐、味精、料酒、腌渍 10 分钟，沥去汁水，沾上一层面粉。

2. 将蛋清打入碗内，抽打成蛋泡糊，加上淀粉搅拌均匀。

3. 勺内放入油烧至三成热时，将银鱼逐条挂上蛋泡糊放入油内，炸成杏黄色时捞出，沥油装盘带椒盐上桌。

图 2-3-4 炸雪衣银鱼

技术关键：

1. 蛋泡糊抽打不要过硬，调入淀粉适量，糊呈膏状。

2. 油炸时控制好油温保持三四成热，下入银鱼动作要快，手勺推搅动作要轻。

质量标准： 色泽杏黄，鲜嫩咸香。

三、酥炸和脆炸

技法介绍：

酥炸，将腌渍过的碎小原料，挂上专用的酥糊或脆浆，再进行炸制，或将主料先蒸卤酥烂之后，再挂少量的鸡蛋糊（也有不挂糊的），用热油炸制。

脆炸，一般是指带皮原料（如鸡、鸭类），先用沸水烫过，促使外皮收缩绷紧，刷上饴糖，吹干后放入油锅内不停翻动，并向腹内浇油，使之外皮香脆，内里鲜嫩。

酥炸的关键在于粉糊的调制和油温的掌握。粉糊通常在面粉、淀粉中加老酵面、油、碱水、泡打粉等料调拌而成，还有一种以蛋、面粉加油调制而成。油炸之后，糊壳涨发膨松，层次丰富，糊壳较薄；挂后一种糊的，炸后脆硬中带有酥松。油与粉糊调和，使面粉中蛋白质不能形成面筋网络；加热时，面粉中的淀粉糊化迅速脱水变脆；同时面粉颗粒为油脂包围，之间形成空隙，脱水之后，这些空隙形成了酥脆的质感。酥炸糊本身膨胀性很大，因此主料挂糊厚薄要适当，以免主料膨胀过大或不酥。原料形体也不宜太大，原料应该是酥烂或软嫩无骨的。下油锅的油温应掌握在五六成热，中火火力进行炸制，直到外层出现深黄色或杏黄色并发酥为止。脆炸一般是整个的禽类原料，先卤熟挂脆皮水或生腌入味烫皮挂脆皮水，然后晾干表皮后炸，要求六七成油温下锅炸，生料油炸时需中火慢慢炸透，炸呈大红色皮脆即可。

酥炸的特点：外酥里烂，香而肥嫩，成品涨发饱满。

脆炸的特点：大红、皮脆、肉鲜、骨香。

菜肴实例： 酥炸鸭子（如图 2-3-5 所示）

主料： 净嫩鸭一只 1250 克

辅料： 香菜 10 克

调料： 葱结 10 克、姜丝 5 克、白糖 3 克、绍酒 15 克、酱油 50 克、精盐 25 克、味精 2 克、面粉 75 克、鸡蛋 3 个、湿淀粉 50 克、熟芝麻油 2 克、熟菜油 2000 克（实耗 120 克）、甜面酱 1 碟 50 克、花椒盐 1 碟 50 克、葱白 1 碟 50 克

工艺流程： 鸭子去内脏洗净——鸭子入沸水汆烫——鸭子加调料蒸酥烂——调制酥糊——鸭子去骨挂糊——鸭子入热油内炸酥

图 2-3-5　酥炸鸭子

制作过程：

1. 将鸭子去内脏洗净，入沸水锅内汆一下，捞出洗净血沫，从鸭背部剖开，斩下头、颈。

2. 把绍酒、精盐 20 克放在一起拌匀，用葱、姜丝蘸着将鸭身擦遍，鸭脯朝下同葱、姜一起放在品锅内，加酱油、白糖、上笼屉用旺火蒸酥，取出拣去葱、姜，拆除鸭骨，斩下翅膀，劈开鸭头，待用。

3. 鸡蛋放入碗内打散，加上湿淀粉、味精、面粉、盐 5 克和清水 50 克，调成鸡蛋糊，先取 1/3 铺于盘内，鸭肉平铺其上，再铺盖上 1/3 的鸡蛋糊。

4. 炒锅置旺火上，倒入油烧至六成热，将挂糊的鸭肉推入锅内，炸至深黄色，用漏勺捞出，随即将头、膀、颈、骨架沾上糊入锅炸熟。

5. 用炸过的骨架和鸭颈垫底，把鸭肉切成条，整齐有型的码放在鸭架上，香菜放在围边即可。上菜时，跟葱白、甜面酱、花椒盐一同上桌。

技术关键：

1. 盘底先涂点油，再铺蛋糊，不粘连。

2. 鸡蛋糊不宜稠，太稠油炸表皮形成疙瘩糊，皮不脆。

3. 鸭子刚下油锅时，油温不宜低，炸制过程中火不能太急，糊炸脆，不能炸焦。

质量标准：表皮香酥，肉质鲜嫩。

菜肴实例：脆皮乳鸽（如图 2-3-6 所示）

主料：净乳鸽两只 700 克

辅料：虾片 15 克

调料：蒜泥 1.5 克、辣椒 2 克、芝麻油 1 克、糖醋汁 100 克、糖浆 100 克、白卤水 1500 克、湿淀粉 5 克、花生油 1500 克（实耗 75 克）

工艺流程：乳鸽宰杀收拾干净——乳鸽氽水——乳鸽入卤水锅内卤熟——乳鸽挂脆皮水——乳鸽晾干——乳鸽油炸

图 2-3-6　脆皮乳鸽

制作过程：

1. 乳鸽用常规方法宰杀、褪毛，去内脏收拾干净洗净，放入沸水锅内氽水，取出洗净。

2. 白卤水煮沸，放入乳鸽，立即端离火口，浸泡至九成熟取出；先淋沸水一次，再淋糖浆两三次，待乳鸽全身均匀挂上糖浆后，吊于通风处晾干。

3. 炒锅置火上，加入油烧至五成热时，放入虾片炸至酥脆浮起后捞出。放入乳鸽，用漏勺托着，边炸边翻动，炸至皮脆、呈大红时，取出漏勺中的鸽，沥去油，放在砧板上，改刀后按双鸽原型装入盘内。食用时佐糖醋汁、淮盐。

技术关键：

1. 此菜乳鸽的初加工至卤制，皆为批量制作，而炸制时则以每份菜的量制作，这样方可保证出菜的速度。

2. 乳鸽最好选用饲养约 30 天的肉鸽，鸽子太老或太嫩都会影响成菜的口感。

3. 乳鸽初加工时，茸毛、内脏都要去净，且不能弄破肉皮，否则影响成菜美观。

4. 卤制乳鸽时，卤锅下面要先放上1张竹笆，以免因乳鸽数量过多而巴锅、煳锅；卤制时火力要小，以卤汁沸而不腾为佳。

5. 乳鸽不能卤得过火，以刚熟为宜。这样再通过油炸，鸽肉的口感最佳。

6. 卤好乳鸽后，要用竹筷一个一个夹出，并注意不要弄破肉皮，以免影响成菜的美观。

7. 炸制乳鸽时，油温要掌握好，以四成热油温为佳，并用浸炸的方法炸制，这样炸出的乳鸽才会皮酥肉嫩，色泽棕红，成菜效果最好。

质量标准： 乳鸽完整，色泽大红，皮脆肉香，色形味美。

趣味知识

乳鸽的营养价值很高，鸽肉味咸、性平、无毒；具有滋补肝肾之作用，可以补气血，脱毒排脓；可用以治疗恶疮、久病虚羸、消渴等症。常吃可使身体强健，清肺顺气。对于肾虚体弱、心神不宁、儿童成长、体力透支者均有功效。乳鸽的骨内含丰富的软骨素，常食能增加皮肤弹性，改善血液循环。乳鸽肉含有较多的支链氨基酸和精氨酸，可促进体内蛋白质的合成，加快创伤愈合。脆皮糖浆的调制比例：沸水溶解麦芽糖60克，冷却后加大红浙醋30克、绍酒20克、干淀粉30克搅成糊状即成。

四、纸包炸和卷包炸

技法介绍：

纸包炸，是将原料经腌渍入味后，必须用纸（食用玻璃纸、锡纸、糯米纸）包住去炸。

卷包炸，是将原料经腌渍入味后，用蛋皮、豆衣、网油包住，下锅去炸。

两种炸法都要把原料包起来去炸，但包的外皮不同，口味也就大不一样，各有特色，原料不直接接触油。汁不外溢，保持原料本味。卷包炸的主料、配料与豆腐皮或网油包成卷，外面挂一层水淀粉糊，然后进行炸制。主料配料一般切成指甲片或丝，刀口要求一致，以防炸时生熟不一。用腐皮或网油包裹时，其封口处要用鸡蛋糊粘牢，以免裂开，并在腐皮或网油上面扎几个小孔，以便排气，避免炸胀起，影响外形美观。炸时，纸包炸一直用温油炸透；卷包炸应先用热油炸固外形，再用温油炸透，最后用油冲炸。

纸包炸特点：质地鲜嫩，原汁原味。

卷包炸特点：油脂渗入原料，脆而肥润，或酥香脆嫩。

菜肴实例：三鲜纸包鸡（如图 2-3-7 所示）

主料：鸡脯肉 150 克

辅料：豌豆苗 50 克、鲜蘑 50 克、金华火腿 50 克、核桃仁 25 克、江米纸 2 张

调料：精盐 5 克、味精 3 克、绍酒 15 克、胡椒粉 3 克、香油 5 克、葱姜各 5 克、鸡蛋 1 个、花生油 500 克

工艺流程：原料改刀——原料调味——原料包入江米纸内——原料油炸

图 2-3-7　三鲜纸包鸡

制作过程：

1. 将鸡脯肉去皮，用刀片成抹刀片。鲜蘑和火腿分别切成小片。桃仁用开水烫后，撕去皮，用温油炸透炸酥。豆苗择洗干净。葱、姜切成末。

2. 将鸡片用鸡蛋清、绍酒、水淀粉、精盐、味精、胡椒粉拌匀上浆，再拌入香油。江米纸裁成 20 厘米见方的块。把江米纸摊开，摆少许豆苗、桃仁、火腿、鲜蘑，再将鸡片摆好，包成约 7 厘米长、3 厘米宽的长条包，摆在抹过油的盘中。

3. 勺内放油烧至六成热时，将包好的鸡片放锅内炸，鸡包浮起时捞出，摆入盘中即可上桌食用。

技术关键：

1. 纸包鸡用中火慢炸，避免外焦内生。

2. 纸包时注意叠制的封口，油炸时既不能开口，又方便客人食用时容易打开。

质量标准：鸡肉香嫩，鲜咸适口，营养丰富。

菜肴实例：干炸响铃（如图 2-3-8 所示）

主料：猪里脊肉 50 克

辅料：豆腐皮 5 张

调料：精盐 1 克、味精 1 克、绍酒 2 克、葱白 5 克、鸡蛋黄 4 个、甜面酱 50 克、花椒盐 5 克、菜油 750 克

工艺流程： 里脊肉剁成馅——肉馅拌入蛋黄调味——肉馅卷入豆皮中——油炸豆皮卷

图 2-3-8 干炸响铃

制作过程：

1. 将猪里脊肉剔去筋膜，剁成泥，放在碗内；加入黄酒、精盐、味精和鸡蛋黄拌成馅，分成 5 份待用。

2. 豆腐皮润潮后去边筋，修切成长方形。

3. 豆腐皮相交叠层摊平，取肉馅 1 份，放豆腐皮的一端，用刀口或竹片将肉馅摊成 3～4 厘米左右的宽条，放上切下的碎豆腐皮（边筋不用），卷成松紧适宜的圆筒状，卷合处蘸以清水粘接；照此法共制 5 卷，每卷再切成长 3.5 厘米的段，直立放置。

4. 炒锅置中火上，下菜油至五成热时，将豆腐皮卷段放入油锅，手勺不断翻动，炸至黄亮松脆，用漏勺捞出沥去油，装盘；上席随带甜面酱、花椒盐和葱白段。

技术关键：

1. 猪里脊肉剁成泥一定不要有粘连。

2. 肉馅涂摊在豆腐皮上要薄而均匀，以免影响成熟和松脆。

3. 卷筒要松紧适宜，以大拇指粗细，切段后应直立放置，以免挤压变形，影响成形美观。

4. 油温过低响铃要"坐油"，过高易炸焦，应保持五成热左右，炸时要不断翻动，使响铃保持黄亮不焦，酥松可口的要求。

质量标准： 色泽金黄，鲜香味美，脆如响铃。

趣味知识

　　"干炸响铃"曾流传着这样一个故事：古时，杭州城里有一大一小两家饮食店。大饭店老板欲独霸生意，常常惹是生非，欺负小饭店的老板。一天，他得知小饭店里豆腐皮断档，便唆使一些无赖到小饭店去专点吃豆腐皮，扬言若不能满足要求，就砸掉小饭店的招牌。此事激怒了一位经常在这里喝酒的彪形大汉，只见他一言不发，急走出店，跨上自己的黄骠马，挥鞭而去。过了一会儿，只听一阵马铃儿叮当响，寻声望去，大汉已出现在小饭店门口，手中还托着一包从泗乡买来的豆腐皮。事后得知，此大汉乃是一位有名的江湖好汉，专爱解人危难。他的举动使小店老板感激万分，立即动手烹制了豆腐皮制作的下酒菜，不惜用上好的猪里脊肉，入油锅加工而成。为了纪念这位好汉的功德，小店老板把豆腐皮卷成了马铃儿的形状。"干炸响铃"名肴就这样问世了。此菜于1956年浙江省认定的36种杭州名菜之一。以泗乡豆腐皮最佳；用杭州地区著名特产泗乡豆腐皮制成的炸响铃，以色泽黄亮、鲜香味美，脆如响铃而被推为杭州特色风味名菜之列，受到食者的欢迎；泗乡豆腐皮产于杭州富阳东坞山村，故又名东坞山豆腐皮。它已有1千多年的生产历史，以上等黄豆、优质水源经18道工艺精制而成，豆腐皮薄如蝉翼，油润光亮，软而韧，拉力大，落水不糊，被誉为"金衣"。清香味美，柔滑可口，是制作多种素食名菜的高档原料，也是于炸响铃专用主料，食时辅以甜面酱、花椒盐和葱白，其味更佳；"干炸响铃"豆腐皮薄如蝉翼，成菜食时脆如响铃，故名。油皮中含有丰富的优质蛋白和大量的卵磷脂，可预防心血管疾病，保护心脏，营养价值较高。

五、板炸和吉力炸

技法介绍：

　　板炸和吉利炸也叫"香炸"，都是引进的西式炸法，是将原料拍粉拖蛋液或挂糊（一般为蛋糊）后，再沾上一层面包渣（有的叫面包糠、面包屑）或芝麻、果仁等，下入油锅去炸。

　　这两种技法所不同的是：板炸的原料要加工成"排状"或较大片，腌渍、挂糊、沾面包渣或芝麻、果仁炸；吉力炸法是把原料加工成碎料或茸泥做成形，挂糊、沾面包渣或芝麻、果仁去炸。面包渣和果仁"抢火"（易焦酥），所以成品特别酥脆，炸制时一般五六成油温下入原料定型，然后中小火慢慢炸熟，再大火炸脆色泽一致。选择面包时要用无糖或含糖量少的，炸制时不宜上色焦煳，也可用干馒头制成馒头渣使用，效果也较好。

　　板炸和吉力炸特点：外香酥内鲜嫩。

菜肴实例：炸芝麻肉排（如图2-3-9所示）

主料：猪精肉200克

辅料：芝麻100克、鸡蛋1个、湿淀粉50克、面粉20克

调料：精盐3克、料酒5克、葱姜汁5克、味精2克、椒盐5克、色拉油750克

工艺流程：原料改刀——腌渍入味——猪排拍粉拖蛋挂芝麻——猪排油炸——改刀装盘

图2-3-9 炸芝麻肉排

制作过程：

1. 将猪肉片成0.5厘米厚的大片，放入大碗内，加精盐、味精、料酒、葱姜水、腌渍。

2. 鸡蛋液加入湿淀粉调成蛋粉糊。将腌渍的肉片先沾一层面粉，再拖上一层蛋粉糊，沾上一层芝麻，摆在大盘中。

3. 勺内放油烧至五六成热时，将肉排放入油中，炸呈金黄色成熟捞出，改刀装入盘中，带椒盐上桌。

技术关键：

1. 肉片厚薄均匀，可用刀背轻轻砸一砸，使其肌纤维变松，肉质松嫩。

2. 芝麻容易上色，炸制时掌握好火候，防止里生外焦煳。

质量标准：外酥里嫩，色泽金黄，口味干香。

菜肴实例：吉利虾球（如图2-3-10所示）

主料：虾仁300克

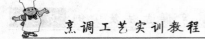
辅料：猪肉膘50克

调料：精盐3克、味精3克、绍酒5克、蛋清2个、胡椒粉2克、葱姜汁10克、干淀粉10克、面粉50克、面包渣100克、色拉油750克

工艺流程：虾仁、肥肉膘剁成茸——虾茸加调料搅上劲——虾茸馅挤成丸子拍粉拖蛋沾面包渣——丸子油炸

图 2－3－10　吉利虾球

制作过程：

1. 将虾仁和猪肥膘放在新鲜的猪肉皮上斩成虾茸，加蛋清1个、胡椒粉、葱姜汁、绍酒、盐、味精、干淀粉，搅拌上劲成馅。

2. 用手挤捏成直径约2厘米大的虾球，放在干面粉中滚沾上一层粉，再放在鸡蛋黄液体中滚一下，然后滚沾上一层面包渣。

3. 勺内放油烧至四五成热时，丸子下入油锅中炸，至虾球将浮未浮时，捞出，待油温升高至六成热时，下油锅复炸，使其表面脆，并使初炸时浸润过多的油脂被排除出来，至呈金黄色时，出锅装在盘中。

技术关键：

1. 虾茸要斩得细腻，搅拌要上劲，这样口感才细嫩而有弹性，而且在制作过程中成圆球后不会变形。

2. 掌握好油温，温度太低，虾球不易松脆，且含油，吃口不爽香，温度太高，易外焦里不熟，色泽也会受到破坏。

质量标准：色泽金黄，外酥内嫩，鲜香味美。

六、浸炸和浇炸

技法介绍：

浸炸法（油浸），即将鲜嫩的原料，投入热油锅中接着把锅端离火口利用油温缓炸，炸至原料成熟，再浇淋调味汁。

　　浇炸法，即将碎小比较易熟的原料放入漏勺内，另一手拿勺舀热油不断浇在原料上，使其成熟，或将沸油浇在调味料上使其香味挥发。

　　油浸的原料一般是鱼类。热油下料，使之鱼皮立即收缩，除去部分血腥味，阻挡鱼体内水分大量流失。油温下降过程中浸熟原料，有的原料要浸炸两三次，热锅端下，凉了上火，再热再下，再凉再上。原料浸熟后，应马上捞出，沥净油，随即浇上卤汁。调味汁要略重一点，浇上卤汁后，再将葱姜丝放在鱼体上，浇上一些沸油。浸炸和浇炸既是各种炸法的辅助方法，又是独立的技法，被认为是特殊的炸法。

　　浸炸和浇炸特点：鲜嫩异常，原汁原味。

　　菜肴实例：油浸鳜鱼（如图 2-3-11 所示）
　　主料：鳜鱼 750 克
　　辅料：香菜叶 2 克
　　调料：葱丝 10 克、姜丝 5 克、豉油 20 克、胡椒粉 2 克、花生油 500 克
　　工艺流程：鳜鱼初加工洗净——用热油浸熟——熟鱼装盘倒入调料——浇淋沸油

图 2-3-11　油浸鳜鱼

　　制作过程：

　　1. 将鳜鱼刮鳞、去腮、去内脏清洗干净。

　　2. 勺内放入油烧至七成热时，放入鳜鱼炸至鱼皮绷皮，油锅端离火口盖上锅盖，浸至鱼成熟。

　　3. 将鱼捞出沥净油，放入盘中，倒入豉油，撒胡椒粉，将葱、姜丝放在鱼身上，勺内放 50 克油，烧滚热浇淋在葱、姜丝上即可。

　　技术关键：

　　1. 油浸鱼时开始油温要高，使鱼皮紧缩绷皮，保持鱼形完整，汁水不外溢，保持鱼

鲜嫩。

2. 油浸过程中，油温降低后，可重复上火使油温升高再浸炸。浇淋热油时，要保证油滚热，使葱姜香气激发出来。

质量标准： 鱼肉洁白，嫩滑鲜香。

菜肴实例： 油泼豆芽（如图 2-3-12 所示）

主料： 绿豆芽 500 克

辅料： 红辣椒丝

调料： 豆油 500 克、豉油 30 克、葱丝 10 克、姜丝 5 克

工艺流程： 豆芽择洗干净——控净水分放在漏勺内——锅内油烧热——手勺舀热油浇淋在豆芽上——豆芽装盘加入调料——滚油浇淋豆芽上的调料

图 2-3-12　油泼豆芽

制作过程：

1. 把绿豆芽摘去根梢，洗净放在漏勺内控干水分。

2. 炒勺放在旺火上，倒入油，加热至八成热时，用手勺舀热油向漏勺中的豆芽上泼，直到豆芽断生，控净油，装入盘中即成。

3. 将豉油倒入盘中，将红辣椒丝、葱丝、姜丝放在豆芽上，浇淋滚油激香调料即可。

技术关键：

1. 泼淋豆芽的油温要高，泼油时要泼均匀，使豆芽成熟一致。

2. 浇淋在葱姜丝上的油要滚热，使葱姜香气激发出来。

质量标准： 豆芽脆嫩，清淡鲜香。

趣味知识

　　食用芽菜是近年来的新时尚，芽菜中以绿豆芽最为便宜，而且营养丰富，是自然食用主义者所推崇的食品之一。绿豆在发芽的过程中，维生素C会增加很多，所以绿豆芽的营养价值比绿豆更大。豆芽中含有丰富的维生素C，可以治疗坏血病，它还有清除血管壁中胆固醇和脂肪的堆积、防止心血管病变的作用。绿豆芽中还含有核黄素，对口腔溃疡的人很适合食用。它还富含膳食纤维，是便秘患者的健康蔬菜，有预防消化道癌症（食道癌、胃癌、直肠癌）功效。豆芽的热量很低，而水分和纤维素含量很高，常吃豆芽，可以达到减肥的目的。绿豆芽为豆科植物绿豆的种子浸罨后发出的嫩芽正常的绿豆芽略呈黄色，不太粗，水分适中，无异味；不正常的颜色发白，豆粒发蓝，芽茎粗壮，水分较多，有化肥的味道。另外，购买绿豆芽时选5～6厘米长的为好。

任务四　爆

　　爆是将脆性原料放入中等油量（油与原料的比例是2∶1）的油锅中"过油"，原料下锅后快速倒出，再用旺火高油温只颠翻几下，随即泼汁，使原料快速成熟的一种烹调方法。

　　爆制的原料多是小块无骨的，在刀工处理上必须厚薄一致，深浅得当。烹调前还需预先制成调味汁，以保证操作快速。操作方法要分两步：一是"过油"（又称拉油，走油）。就是把已成型的原料，投入热油锅中过一次，使其由生变熟，然后再进行烹调。过油对菜肴质量有很大关系，如原料在过油时，对火候、油温及加热时间掌握不好，原料不是老了、焦了，就是不熟、不脆。所以，过油的技术性很强。二是制作调味汁，并将走油原料回锅，制成菜肴。调味的作用，就是解除各种异味，增加菜肴的色、香、味。爆菜的特点是脆嫩爽口，卤汁紧包原料。爆制的菜，由于所用调味品及调味过程不同，具体又分为：油爆，酱爆，葱爆，芫爆（盐爆）。

一、油爆

技法介绍：

　　油爆即用热油爆炒做菜，方法有两种：一是主料不上浆，只用沸水烫一下捞出，使原料紧缩发脆，除腥解腻，然后沥净水分，放入热油中速炸，炸后再与配料一起翻炒数下，烹入芡汁爆炒即成；此种方法一般适用原料腥、臭味较重的原料，如腰子、鸡胗、海螺等。二是主料上浆，投入热油锅中划散或炒散，捞出或控去部分油，再下入配料，倒入芡汁，爆炒即成。爆炒的原料多用小型的和鲜嫩的原料，如肉丝、鸡丁、虾仁等。

油爆菜的特点是：本色本味，并有葱、姜、蒜的香味，吃之脆嫩、清爽不腻，色泽油亮。

菜肴实例：油爆双脆（如图 2-4-1 所示）

主料：猪肚头 250 克、鸡胗 150 克

调料：精盐 3 克、绍酒 20 克、清汤 65 克、米醋 5 克、葱末 3 克、姜末 3 克、蒜末 5 克、湿淀粉 25 克、色拉油 750 克

工艺流程：原料改刀——兑制芡汁——原料焯水——原料走油——原料加汁水爆炒

图 2-4-1　油爆双脆

制作过程：

1. 用刀将肚头切开，剥去皮，剔去筋，用清水洗净，先正面交叉剞上十字花刀，然后在反面每隔 0.2 厘米剞直刀，刀口深度为肚仁厚的 2/3，再改成 1.5 厘米见方的块。

2. 将鸡胗去掉硬皮，每隔 0.2 厘米交叉剞上多十字花刀，深度为鸡胗厚度的 2/3。

3. 用一只碗放入清汤、绍酒、味精、盐、醋、湿淀粉兑成芡汁。

4. 将剞好花刀的肚仁和鸡胗，用开水焯一下，随即捞出，控净水分。勺内放油，旺火烧至八成热时，倒入肚仁和鸡胗，爆炸约两三秒，急速倒入漏勺内控净油。

5. 勺内放底油，放入葱姜蒜末，炸出香味后倒入肚仁、鸡胗，随即放入对好的芡汁，急火爆炒均匀，立刻出勺装盘。

技术关键：

1. 肚仁和鸡胗剞花刀和刀口要相互配合，刀距应基本相等，切好的块的大小也要求相等。

2. 用水烫及油爆炸的时间要短，以保持原料脆嫩。

3. 烹调时动作要求迅速，要旺火操作，芡汁薄而紧挂均匀。

质量标准：质地脆嫩，色泽洁白，芡汁紧包，如带虾油蘸食，则别有风味。

趣味知识

据传，"油爆双脆"始于清朝中期，是久负盛名的传统鲁菜，以制作原料讲究、烹饪技艺精绝、风格独特而为世人推崇。在鲁菜名品众多的山东济南，人们一向对美食近于苛求。在激烈竞争之中，极富创新精神的厨师便想到了有异于通常肉食菜馔的思路，选用人们平时不予看重、而以脆嫩突出的猪肚和鸡肫来制作菜肴。因这两种东西所含水分相当多，故有"双脆"的美称。清代著名文人袁枚对"油爆双脆"给予了极高评价，他在《随园食单》中是这样说的："将猪肚洗净，取极厚处，去上下皮，单用中心，切骰子块，滚油爆炒，加佐料起锅，以极脆为佳。此北人法也。"可见其时，人们已经精于此道了。有经验的厨师将猪肚和鸡（鸭）肫同烹，则味道更加鲜美。此馔的绝佳之处还在于颜色呈一白一红二色，交相辉映之下更显美不胜收，可以大大刺激食客的食欲，真不愧为色、香、味、形兼备的特色美食。"油爆双脆"原名"爆双片"，从创出之日起便一鸣惊人，吸引了众多的达官贵人先品为快。因厨师将猪肚和鸡肫切成薄片，入旺油即熟，口感既脆又嫩，所以人们便习惯称它为"油爆双脆"了。后来，南来北往的客商、美食家们便将鲁菜美馔"油爆双脆"的大名传到了京师重地，北京很快也有这种美肴上市了。如今，东北和江浙一带的著名餐厅、宾馆均有这道极为著名的鲁菜风味菜供应，使"油爆双脆"更成为名噪海内外的中国鲁菜代表之一。

二、酱爆

技法介绍：

酱爆用炒熟的甜面酱、黄酱、酱豆腐爆炒主料和配料。酱爆的主料一般要经过挂糊上浆，因为爆的原料均是较小较薄的片、丁、丝，烹调时容易断碎；另一种方法是不挂糊上浆，主料是熟的，用热油煸炒之后，再加酱爆炒。

酱爆菜肴的特点是：多为深红色，油光闪亮，味咸而有浓郁的酱香味。

菜肴实例：酱爆鸡丁（如图 2-4-2 所示）

主料：鸡脯肉 250 克

调料：黄酱 30 克、盐 0.5 克、味精 3 克、绍酒 10 克、白糖 25 克、姜水 3 克、芝麻油 10 克、湿淀粉 10 克、鸡蛋清 25 克、熟猪油 50 克、花生油 700 克（实耗 40 克）

工艺流程：原料改刀——上浆滑油——爆炒调味——出勺装盘

图 2 - 4 - 2　酱爆鸡丁

制作过程：

1. 将鸡脯肉用凉水泡洗干净，去掉脂皮和白筋，切成 0.8 厘米见方的丁，加入盐、味精、蛋清、湿淀粉拌匀浆好。

2. 起锅烧热，放花生油烧至四成热时，放入浆好的鸡丁，迅速用筷子拨散，鸡丁变色后倒入漏勺内沥油。

3. 锅内放入熟猪油烧热，放入黄酱炒出香味，随即放入白糖，待糖融化后，烹入绍酒、姜水，炒成糊状倒入鸡丁，颠翻几下，使酱裹匀鸡丁，淋入芝麻油即成。

技术关键：

1. 此菜特别注重火候，火大了酱易糊、发苦，火小了酱又挂不到肉上。做到食后盘内只有油而无酱，是这一名菜的特色。

2. 炒酱时，酱一下锅就发出哗哗的响声，等响声变得极其微小时，水分就基本上炒干了。

3. 酱的数量一般以相应于主料的 1/5 为宜，炒酱用油以相当于酱的 1/2 强为好，如果油多酱少，不易包住主料，油少酱多，则易巴锅。

4. 糖不要放得太早，一般是在酱炒出香味时放糖，这样既可增加菜肴的香美味，又能增加菜肴的光泽。

质量标准：红润油亮，咸中带甜，肉嫩透鲜，酱香浓郁。

趣味知识

　　"酱爆鸡丁"是北京地区传统名菜。堪称酱爆菜中的魁首，也是山东传统风味菜肴，酱爆是爆法的一种，酱爆就是用炒熟的黄酱或甜面酱爆炒主料的一种烹调方法。黄酱是用黄豆、面粉、精盐制成的。颜色深黄，质地细腻，滋味咸香，用来炒菜、拌馅和炸酱拌面，均为相宜。中国是最早制酱的国家，制酱已有数千年的历史。孔子曰："不得其酱不食"。酱的食用，在山东菜中有用于调味者，亦有当菜者，两者皆有。

菜肴实例：酱爆茭白（如图2－4－3所示）

主料：茭白500克

调料：盐1克、糖10克、味精2克、绍酒10克、甜面酱50克、芝麻油10克、色拉油500克

工艺流程：原料改刀——原料走油——加调料爆炒——出勺装盘

图2－4－3 酱爆茭白

制作过程：

1. 将茭白去掉硬皮，切成长5厘米宽1厘米见方的长条。

2. 炒锅置旺火上，下色拉油烧至六成热时，将茭白下入炸一下，捞出沥净油。

3. 锅内放底油，烧热下甜面酱炒香，加入白糖、茭白、绍酒、芝麻油，炒匀酱汁挂匀茭白即可出勺装盘。

技术关键：

1. 炒酱时火候不宜急，以免酱炒黑。

2. 炸茭白时间不宜长，避免丢水失形，以保持其脆嫩特点。

质量标准：酱香浓郁，脆嫩爽口，咸鲜带甜。

趣味知识

茭白食用部分是其花茎基部膨大而成的地下嫩茎。原产我国，生于湖沼水中，全国大部分地区均有栽培，于秋季上市。茭白外披绿色叶鞘，内呈三节圆柱状，色黄白或青黄，肉质肥嫩，纤维少，蛋白质含量高。茭白是我国的特产蔬菜，与莼菜、鲈鱼并称为"江南三大名菜"。由于其质地鲜嫩，味甘实，被视为蔬菜中的佳品，与荤共炒，其味更鲜。茭白含有丰富的有解酒作用的维生素，有解酒醉的功用。嫩茭白的有机氮素以氨基酸状态存在，并能提供硫元素，味道鲜美，营养价值较高，容易为人体所吸收。但由于茭白含有较多的草酸，其钙质不容易被人体所吸收。茭白有利尿止渴、

解酒毒的功效：茭白甘寒，性滑而利，既能利尿祛水，辅助治疗四肢水肿、小便不利等症，又能清暑解烦而止渴，夏季食用尤为适宜，可清热通便，除烦解酒，还能解除酒毒，治酒醉不醒。同时茭白还能补虚健体：茭白含较多的碳水化合物、蛋白质、脂肪等，能补充人体的营养物质，具有健壮机体的作用。茭白还能退黄疸，对于黄疸型肝炎有益。

三、葱爆

技法介绍：

葱爆是用葱丝或葱块和主料爆炒。主料直接爆炒或经过上浆滑油，大葱炒出香味或炸出香味，主料加葱爆炒即成。操作时，要求热锅、旺火、动作迅速。

葱爆菜肴的特点是：色金黄，味鲜咸，有浓郁的葱香味。

菜肴实例：葱爆羊肉（如图 2-4-4 所示）

主料：羊肉 500 克

辅料：大葱 100 克

调料：精盐 20 克、味精 15 克、酱油 10 克、绍酒 15 克、鸡蛋 1 个（重约 50 克）、湿淀粉 10 克、花生油 25 克、芝麻油 15 克

工艺流程：原料改刀——兑制汁水——原料上浆滑油——主辅料同爆炒——倒入汁水——淋明油出勺

图 2-4-4 葱爆羊肉

制作过程：

1. 将羊肉切成 1.2 厘米厚的片，放入碗内加精盐、鸡蛋清、湿淀粉搅匀。将大葱一剖

为二，改刀成 1.2 厘米的段备用。

2. 取一空碗放入精盐、酱油、绍酒、味精、湿淀粉搅匀成汁。

3. 炒锅内放入花生油，在旺火上烧至六成热（约 150℃）时，放入羊肉片滑散划开，再放入葱段炸出香味迅速捞出。

4. 锅内留少量油，用旺火烧热后放入羊肉片、葱段爆炒，接着倒入碗内芡汁翻炒，淋上芝麻油，颠翻几下，出勺装盘。

技术关键：

1. 肉片要薄厚均匀，以便入味和成熟，调味品要预先调成汁。

2. 爆炒油温要高，速度要快，葱香味才能挥发。

质量标准：羊肉滑嫩，鲜香不膻，汪油包汁，食后回味无穷。

趣味知识

俗话讲："美食要配美器，药疗不如食疗"，羊肉性温热、补气滋阴、暖中补虚、开胃健力，在《本草纲目》里被称为补元阳益血气的温热补品。温热对人体而言就是温补，比如冬季老年人比较怕冷，适时地吃些羊肉就会感到暖和，这一点在张琼之的《伤寒论》里及唐朝的《千金书》中都有记载，可见羊肉是人们冬季进补的上佳食品。羊天性耐寒，在我国主要产于较寒冷的高原地区，如青海、西藏、内蒙古等地区，其中又以内蒙古地区的羊的品种最佳。羊肉肉质细嫩，含有很高的蛋白质和丰富的维生素。羊的脂肪溶点为 47℃，因人的体温为 37℃，吃了也不会被身体吸收，不会发胖。羊肉肉质细嫩，容易被消化，多吃羊肉能提高身体素质，提高抗疾病能力，而不会有其他副作用，所以现在人们常说："要想长寿、常吃羊肉"。吃羊肉的禁忌：吃羊肉时最好搭配豆腐，它不仅能补充多种微量元素，其中的石膏还能起到清热泻火、消烦、止渴的作用。羊肉和萝卜做成一道菜，则能充分发挥萝卜性凉，可消积滞、化痰热的作用。不宜同时吃醋，许多人吃羊肉时喜欢配食醋作为调味品，吃起来更加爽口，其实是不合理的。因为羊肉性热，功能是益气补虚；而醋中含蛋白质、糖、维生素、醋酸及多种有机酸，性温，宜与寒性食物搭配，与热性的羊肉不适宜。不宜同时吃南瓜，以防发生黄疸和脚气病。食用羊肉后不宜马上饮茶，因为羊肉中含有丰富的蛋白质，而茶叶中含有较多的鞣酸，吃完羊肉后马上饮茶，会产生一种叫鞣酸蛋白质的物质，容易引发便秘。肝炎病人忌吃羊肉。羊肉甘温大热，过多食用会促使一些病灶发展，加重病情。另外，蛋白质和脂肪大量摄入后，因肝脏有病不能全部有效地完成氧化、分解、吸收等代谢功能，而加重肝脏负担，可导致发病。

四、芫爆

技法介绍：

操作与油爆基本相同。不同的是主料形状多是片、条、球、卷形。芫爆要求热油、旺火、速成。其原料强调选用质地脆嫩的，以便调味的汁液能较好地渗透。一般不勾芡，调料除了香菜外，还用葱丝、姜丝、蒜片、精盐、味精、绍酒等。

芫爆菜肴的特点是：色调雅致、质地脆嫩，爽口无芡，味咸鲜。

菜肴实例：芫爆百叶（如图 2 - 4 - 5 所示）

主料：牛百叶 250 克

辅料：香菜 75 克

调料：精盐 3 克、醋 5 克、胡椒粉 2 克、葱末 10 克、姜末 5 克、清汤 40 克、熟鸡油 25 克、芝麻油 15 克

工艺流程：原料改刀——热油炝锅——下入主料——爆炒淋汁——出勺装盘

图 2 - 4 - 5　芫爆百叶

制作过程：

1. 将百叶清理后，随冷水下锅，煮 7 成烂时，离火泡冷。

2. 把百叶平铺砧板上，剔去黑色外层切成长 5 厘米、宽 1.3 厘米块，再煮 1 分钟。香菜择洗干净，切成长 3 厘米段。

3. 将熟鸡油倒入炒锅内，用旺火烧热，下入葱末、姜末稍一冒出香味，迅速放入百叶块爆炒几下，随即加入清汤、精盐、胡椒粉、醋和香菜段，颠翻几下，淋上芝麻油即成。

技术关键：

1. 用新鲜香菜的三叉梗切段，此味最佳。

2. 煮至七成熟的百叶块，放入清水煮开掺碱漂洗干净。掺碱量按 1000 克百叶，放碱 20 克，掺碱是为了使百叶更加白洁，纤维体松懈，烹制易入味。

3. 此菜要求烹炒迅速，无汤汁，可将各种调料入碗，一同下锅，后入香菜。

质量标准：此菜脆嫩清鲜，香菜味型，清爽不腻，无汁无芡，诱人食欲。

趣味知识

　　芫爆百叶北京鸿宾楼烹制此菜最有名，其店创立于清末咸丰三年，至今已有 130 多年的历史。它原设于天津，于 1995 年迁至北京前门外，1963 年迁至西长安街现址，是北京大型的清真饭庄。香菜即芫菜古来有之。明人屠本畯在《野菜笺》赞曰："相彼芫菜，化胡携来。臭如荤菜，脆比菘苔。肉食者喜，藿食者谐，惟吾佛子，致谨于斋。或言西域兴渠别有种，使我罢食而疑猜。"它含有丰富的维生素、正癸醛、壬醛、芳樟醇等成分。隋代崔禹锡《食经》指出它"调食下气"。以后药籍类皆收载，认为它"发汗透疹，消食下气"，民间常用它治痘疹。《医林纂要》曰："芫荽，补肝、泻肺、升散，无所不达，发表如葱，但专行气分。"另外芫荽还可美容，《本草纲目》载："面上黑子，芫荽煎汤，日日洗之。"百叶是牛肚内壁中有皱折的那部分，是一种特殊的肌纤维，质地脆嫩，有一种特殊的鲜味，食之容易消化。

菜肴实例：芫爆里脊（如图 2-4-6 所示）

主料：猪里脊 200 克

辅料：香菜梗 5 克

调料：鸡汤 10 克、精盐 2 克、味精 2 克、绍酒 3 克、葱 3 克、姜 3 克、蒜 3 克、油 500 克、湿淀粉 10 克

工艺流程：原料改刀——原料上浆——兑制汁水——原料滑油——主辅料加汁水烹制——出勺装盘

图 2-4-6　芫爆里脊

制作过程：

1. 将猪里脊片成 0.6 厘米厚的大片，剞上交叉花刀，再切成 0.6 厘米宽，8 分长的条，放入碗内加蛋清、盐、湿淀粉上浆抓匀。葱、姜切丝，蒜切片，香菜洗净切段。

2. 用鸡汤、精盐、味精、绍酒兑成清汁。

3. 勺内放油烧至四五成热时，放入里脊条，用工具划散，成熟倒入漏勺沥净油。

4. 勺内放底油，烧热放葱、姜丝、蒜片炝锅，放入里脊，倒入汁水，撒上香菜段，颠翻均匀出勺装盘。

技术关键：

1. 里脊滑油时掌握好油温，油温低脱浆，油温高里脊粘连划不开。

2. 爆炒时要旺火，动作迅速，颠翻几下汁水均匀立即出勺。

质量标准： 色泽洁白，汁清鲜咸。

任务五　熘

熘是将原料用炸、煮、蒸、划油等方法的熟处理，然后调制卤汁浇淋于原料上，或将原料投入卤汁中搅拌的一种烹调方法。

熘菜的特点是脆、嫩、鲜、香，卤汁较宽。用于炸制或划油的大都是块、丁、条、片、丝等小料。如果是整条的原料，则必须锲花刀。熘菜一般要求旺火速成，以保持菜肴香脆、滑软、鲜嫩等特点。根据用料和操作方法的不同，熘还可分为脆熘、滑熘、糟熘、软熘。

一、脆熘

技法介绍：

脆熘又称炸熘或焦熘，是将加工成形的原料，经用调味品拌渍，挂上水粉糊或滚上干粉经过油炸，再浇淋或将原料放入锅内滚沾上卤汁成菜的技法。

用旺火热油炸到原料呈金黄色发硬脆时取出；另起小油锅制成卤汁，淋浇在炸好的原料上，或采用拌汁的方法，一般做整鱼时都用浇汁法，细碎原料都用拌汁法，这种卤汁基本上是油质的。起油锅与制卤汁这两个过程必须结合进行，即原料还在油锅炸时，就要同时另用炒锅制作卤汁，待原料出锅时，卤汁也同时制好，趁原料沸热时浇上卤汁，更能入味并保持外皮酥脆。

脆熘的特点：外焦香酥脆，内鲜嫩可口，如糖醋鲤鱼、熘肉段等。

菜肴实例： 糖醋黄河鲤鱼（如图 2-5-1 所示）

主料： 黄河鲤鱼 1 尾 750 克

调料： 酱油 10 克、精盐 3 克、白糖 200 克、米醋 120 克、清汤 300 克、绍酒 10 克、葱 2 克、姜 2 克、蒜 3 克、花生油 1500 克（实耗 250 克）、湿淀粉 100 克

工艺流程： 原料改刀——鱼身上挂湿淀粉——油炸鲤鱼——制作糖醋汁——浇淋在鱼身上

图 2-5-1　糖醋黄河鲤鱼

制作过程：

1. 鲤鱼去鳞，开膛取出内脏，挖去两鳃洗净，每隔 2.5 厘米，先直剖（1.5 厘米深）再斜剖（2.5 厘米深）成刀花。

2. 提起鱼尾使刀口张开，将精盐撒入刀口稍腌，再在鱼的周身及刀口处均匀地抹上湿淀粉。

3. 炒锅放花生油。中火烧至七成热（约 175℃）时，手提鱼尾放入锅内，使刀口张开。用锅铲将鱼托住以免粘锅底，入油炸 2 分钟，将鱼推锅边，鱼身即成方形，再将鱼背朝下炸 2 分钟，然后把鱼身放平，用铲将头按入油炸 2 分钟，待鱼全部炸至呈金黄色时，捞出摆在盘内。

4. 炒锅内留少量油，中火烧至六成热（约 150℃）时，放入葱、姜、蒜末、精盐、酱油、加清汤、白糖、旺火烧沸后，放湿淀粉搅匀，烹入醋即成糖醋汁，迅速浇到鱼身上即可。

技术关键：

1. 鱼身两面刀口要对称，每片的深度、大小要基本相同。

2. 为达到外焦里嫩的程度，就必须采用先旺火热油定型，在中火炸至成熟，最后再大火冲炸的方法。

3. 糖醋汁要炒成活汁，就必须在芡汁炒熟后冲入沸油，使之吱吱有声。

4. 要掌握好糖、醋、盐的比例。

质量标准： 色成琥珀，外焦里嫩，汁明芡亮，甜中有酸。

趣味知识

　　"糖醋黄河鲤鱼"是山东济南的传统名菜。鲤鱼是我国养殖最早，分布最广的淡水鱼，因鱼鳞有十字纹理，顾得鲤名。《诗经》中有"岂食其鱼，必河之鲤"之说，济南北临黄河，故烹饪所采用的鲤鱼就是黄河鲤鱼。此鱼生长在黄河深水处，头尾金黄，全身鳞亮，肉质肥嫩，是宴会上的佳品。《济南府志》上早有"黄河之鲤，南阳之蟹，且入食谱"的记载。据说："糖醋黄河鲤鱼"最早始于黄河重镇——洛口镇。这里的厨师喜用活鲤鱼制作此菜，并在附近地方有些名气，后来传到济南。厨师在制作时，先将鱼身割上刀纹，外裹芡糊，下油炸后，头尾翘起，再用著名的洛口老醋加糖制成糖醋汁，浇在鱼身上。此菜香味扑鼻，外脆里嫩，且带点酸，不久便成为名菜馆中的一道佳肴。

菜肴实例：青椒肉段（如图2-5-2所示）

主料：猪精肉150克

辅料：青椒100克

调料：酱油8克、精盐1.5克、料酒10克、醋2克、味精2克、汤90克、湿淀粉80克、葱姜蒜各4克、油1000克（实耗45克）

工艺流程：原料改刀——兑制芡汁——肉段挂糊——肉段油炸——炝锅——倒入主、辅料——倒入芡汁——挂匀芡汁出勺

图2-5-2　青椒肉段

制作过程：

1. 将猪肉切成3厘米长、1.5厘米宽和厚的条，青椒去蒂、除子，切成象眼片，葱、姜、蒜切成末。

2. 用酱油、盐、料酒、醋、味精、汤、湿淀粉兑成芡汁。

3. 将肉段放入大碗内，用湿淀粉挂糊。

4. 勺内倒入油烧至七八成热，将挂糊的肉段逐一放入油中炸成金黄色捞出，沥净油，随即将青椒放入油中炸一下捞出。

5. 勺内放底油，用葱、姜、蒜炝锅，放入主料、辅料，倒入芡汁，迅速翻炒均匀，淋明油出勺即可。

技术关键：

1. 选用的猪肉肌间夹杂一点脂肪可以增加成品的鲜香。

2. 青椒油炸时，必须是炸完肉段，油温降低后进行，而且速度要快，防止失去其鲜脆爽脆的质感。

3. 烹汁时火要旺，速度要快，汁水的量和芡汁浓度要掌握恰到好处。

质量标准： 肉段金黄，外焦里嫩，青椒碧绿，爽脆适口，咸鲜口味。

二、滑熘

技法介绍：

是将经过刀工处理的小型原料，腌渍上浆后滑油，再调制卤汁勾芡成菜的技法。另外，还有糟熘、醋熘等，其操作方法与滑熘完全相同，只是调味不同。

滑熘所用的原料以加工成片、丝、条、丁、粒以及剞花刀的小型无骨的原料为主。烹制时将原料先用调味品拌渍，再用蛋清、淀粉上浆，放入五成热左右的油锅，滑散原料取出（如不易成熟的较大的块，可将锅离火多滑一些时间），同时将卤汁制好，将滑油的原料投入卤汁锅内颠翻，使卤汁均匀地粘在原料上。

滑溜的特点：有的菜肴色泽洁白，有的菜肴色泽红润；有鲜咸口味，小糖醋口味，荔枝口味；质地滑嫩。原料色泽白颜色浅，原料本身无异味，一般芡汁内不加带有颜色的调味品，有的菜肴为增加其洁白度，芡汁内还加牛奶。如滑熘里脊、糟熘鱼片等。原料色泽深，原料本身异味重的下水类原料，一般芡汁内加酱汁类调味品，如蚝油牛柳，熘腰花等。

菜肴实例： 糟熘鱼片（如图 2-5-3 所示）

主料： 黄鱼肉 250 克

辅料： 水发木耳 25 克

调料： 鸡蛋清 1 个、绍酒 10 克、香糟酒 25 克、白糖 15 克、精盐 4 克、味精 2 克、白汤 200 克、葱、姜汁 15 克、湿淀粉 50 克、猪油 750 克（耗约 50 克）

工艺流程： 原料改刀——鱼片上浆——鱼片滑油——调味熘制——出勺装盘

图 2-5-3　糟熘鱼片

制作过程：

1. 将去皮剔骨刺的净鱼肉用正斜刀法批成斜刀片、放入清水中浸漂 2 小时，然后捞出，用干布吸干表面水分，用蛋清、湿淀粉、细盐和味精拌上浆。木耳用开水烫过，摊放在汤盘中。

2. 放猪油，烧至三成热时，将鱼片散落下锅，当鱼片浮起翻白时即用漏勺捞起，沥去油。

3. 原锅放鲜汤、精盐，将鱼片轻轻地放入锅里，用小火烧滚后，撇去浮沫，加糟卤、白糖、精盐、味精后，轻轻地晃动锅，再慢慢地将水淀粉淋入勾薄芡，提锅将鱼片翻个身，淋上热猪油 10 克，出锅装在盛有木耳汤盘里即可。

技术关键：

1. 鱼片用清水浸漂使其更洁白。

2. 用具、容器、汤、油、调料等必须干净，不得有任何渣子黑点。

3. 鱼片滑油和熘制时，掌握好火候，时间均不可过长，保持其滑嫩。

4. 香糟酒不能先放，只能吃芡前放。

质量标准： 洁白纯净，柔软滑嫩，不破不碎，味美略甜，糟香浓郁。

趣味知识

"糟熘鱼片"是一道很有代表性的北京名菜。此菜肉质滑嫩，鲜中带甜，糟香四溢，深受美食家的青睐。据说明朝隆庆年间，兵部尚书郭忠皋回乡探亲，从老家福山将一名厨师带回京都，适逢穆宗皇帝朱载垕为宠妃做寿，宴请文武百官，郭尚书便推荐福山厨师主持御宴。那厨师使出全身技艺，令御宴一扫旧颜，满朝文武无不开怀畅饮。朱载垕至翌日日上三竿，方才酒醒，品之口中仍然美味不绝，对福山厨师深为叹服。数年后，那位厨师告老还乡。一日，朱载厚龙体欠安，不思饮食，甚念那福山厨师做的"糟熘鱼片"，皇后娘娘派半副銮驾赶往福山降旨，将那名厨师和两名徒弟召进宫来。那名厨师的家乡被后人称为銮驾庄，至今犹在。糟是指用香糟曲加绍兴老酒、桂花卤等泡制酿造而成的香糟卤，所以烹制出的鱼片，香郁鲜嫩，味美无比。如"糟熘鱼片"就是以调料命名的佳肴。香糟虽然是调料，却在菜肴中占有一席之地，缺它不可。

菜肴实例：蚝油牛肉（如图2-5-4所示）

主料：腌牛肉片300克

调料：蚝油12克、葱段5克、蒜末1克、姜片3克、味精1克、胡椒粉1克、深色酱油5克、绍酒3克、湿淀粉5克、淡汤25克、芝麻油1克、花生油750克

工艺流程：原料改刀——牛肉滑油——调制芡汁——炝锅——加调料熘制——出勺装盘

图2-5-4 蚝油牛肉

制作过程：

1. 把蚝油、味精、酱油、麻油、胡椒粉、湿淀粉、淡汤调成芡汁。

2. 锅内放油烧至四成热，下入牛肉片滑油九成熟，捞出沥净油。

3. 炒锅放底油，烧热放入葱、姜、蒜炒出香味，放入牛肉片，烹入绍酒，放入芡汁炒至均匀，出勺装盘即可。

技术关键：

1. 牛肉片滑油油温不宜过高，划散变色即可。

2. 牛肉片要去掉筋膜，腌制时可放些苏打，以保持其质嫩。

质量标准：蚝味鲜浓，肉质软嫩，色泽红润。

趣味知识

　　蚝油并不是油质，而是在加工蚝豉时，煮蚝豉剩下的汤，此汤经过滤浓缩后即为蚝油。它是一种营养丰富、味道鲜美的调味佐料，有"海底牛奶"之称。它可以用来提鲜，也可以凉拌、炒菜，是我国及菲律宾等国家常用的调味品。蚝油富含牛磺酸，牛磺酸具有防癌抗癌、增强人体免疫力等多种保健功能，蚝油还含有丰富的微量元素和多种氨基酸，可以用于补充各种氨基酸及微量元素，其中主要含有丰富的锌元素，是缺锌人士的首选膳食调料，蚝油中氨基酸种类达 22 种之多，各种氨基酸的含量协调平衡，谷氨酸含量是总量的一半，它与核酸共同构成蚝油呈味主体，两者含量越高，蚝油味道越鲜美；蚝油不仅可单独调味，还可与其他调味品配合使用。用蚝油调味切忌与辛辣调料、醋和糖共烹，因为这些调料均会掩盖蚝油的鲜味和有损蚝油的特殊风味。蚝油也忌在锅内久煮，以免所含的麸酸钠分解为焦谷氨酸钠而失去鲜味，并使蚝香味逃逸。一般是在菜肴即将出锅前或出锅后趁热立即加入蚝油调味为宜，若不加热调味，则味道将逊色些。

三、软熘

技法介绍：

　　是采用质地软嫩或流体原料，先经蒸熟、汆熟、煮熟或经温油氽炸（浮炸）、煎熟，再行调制芡汁的一种熘的烹调方法。

　　软熘必须选用质地软嫩，含水量多的鲜料。动物性原料的质地软嫩与含水量成正比，与含脂肪量成反比。就是说含水量多的质地就软嫩，含脂肪少的含水量就多，质地也软嫩。如虾、鱼、鸡脯、鸡芽子的含水量都在 60％以上，脂肪的熔点又低，质地软嫩，适于做软熘菜。猪里脊纤维细短，脂肪少，也适于做软熘菜。其他还有鲜奶、蛋清、豆腐等。选用这些原料要新鲜的，不新鲜或经冷冻的都影响烹调效果。品种、部位的选择也要严格，如鸡脯需要母鸡脯，肥膘肉需要选用里脊或臀尖下的，牛奶需要在 40℃以上。

　　软熘菜除用整料以外，刀工处理都是片状或茸泥，片状原料以蛋泡糊为衣，茸泥用蛋清、蛋泡糊调制，比重都小于 1（能浮在水面）。因为蛋泡糊体轻、松软、成熟快，能充分保存原料中的水分，色泽洁白，外软内嫩。采用拍粉、上浆或挂其他糊都达不到软熘菜的质感。处理成茸泥的要先加蛋清、鸡汤（或水）稀释，再加蛋泡糊和匀。这个环节应注意：淀粉要加在蛋泡糊里；茸泥与蛋泡糊和匀后再加盐；和好后要随即烹制。因为淀粉主要是对蛋泡糊的气泡起保护和增加黏着力的作用，盐是吸附流体中游离状的水分子，增加流体的黏度，盐的渗透力强，和好的料停放时间长容易出水发澥。

软熘菜事先经过蒸、煮的要旺火速成，再经炸、汆的要慢火巧制，特别是先经炸、汆的，如果火候掌握不当就会前功尽弃。软熘菜的炸属于汆，也叫浮炸，这种炸法油要温、勺要热。汆的，在水烧开后将勺端离火口，把挂好蛋泡糊的原料一片片地放在水面，用手勺舀水慢慢浇注，待蛋泡糊凝结再翻个。若水处于沸腾，形成对流，蛋泡糊就会呲开。

软熘的特点：质感软嫩，选料、刀工、糊糊、火候均要求严格精细。

菜肴实例： 西湖醋鱼（如图2-5-5所示）

主料： 草鱼一条（约重700克）

调料： 绍兴陈酒25克、酱油75克、姜末3克、白糖60克、湿淀粉50克、米醋50克、胡椒粉2克

工艺流程： 原料改刀——鱼用清水煮——煮熟的鱼装盘——鱼汤调味——汤汁勾芡淋在鱼身上

图2-5-5 西湖醋鱼

制作过程：

1. 将草鱼饿养两天，促其排尽草料及泥土味，使鱼肉结实，宰杀去掉鳞、鳃、内脏，洗净。

2. 把鱼身劈成雌雄两片（连背脊骨一边称雄片，另一边为雌片），斩去牙齿，在雄片上，从颔下4.5厘米处开始每隔4.5厘米斜片一刀（刀深约5厘米），刀口斜向头部（共片五刀），片第三刀时，在腰鳍后处切断，使鱼分成两段。再在雌片脊部厚肉处向腹部斜剖一长刀（深约4~5厘米），不要损伤鱼皮。

3. 将炒锅置旺火上，舀入清水1000克，烧沸后将雄片前后两段相继放入锅内，然后，将雌片并排放入，鱼头对齐，皮朝上（水不能淹没鱼头，胸鳍翘起）盖上锅盖。待锅水再沸时，揭开盖，撇去浮沫，转动炒锅，继续用旺火烧煮，前后共烧约3分钟，用筷子轻轻地扎鱼的雄片颔下部，如能扎入，即熟。炒锅内留下250克清水（余汤撇去），放入酱油、

绍酒和姜末调味后，即将鱼捞出，装在盘中（要鱼皮朝下，两片鱼的背脊拼连，鱼尾段拼接在雄片的切断处）。

4. 把炒锅内的汤汁，加入白糖、湿淀粉和醋，用手勺推搅成浓汁，见滚沸起泡，立即起锅，徐徐浇在鱼身上，即成。

技术关键：

1. 片鱼时刀距及深度要均匀。

2. 煮鱼时水不宜过多，不要淹没鱼头及胸鳍翘起。

3. 制作芡汁时，用手勺推搅成浓汁时，应离火推搅不能久滚，切忌加油；滚沸起泡，立即起锅，浇遍鱼的全身即成。

质量标准：色泽暗红、鱼肉嫩美、酸甜可口。

趣味知识

"西湖醋鱼"又叫"叔嫂传珍"。相传古时有宋姓兄弟两人，满腹文章，很有学问，隐居在西湖以打鱼为生。当地恶棍赵大官人有一次游湖，路遇一个在湖边浣纱的妇女，见其美姿动人，就想霸占。派人一打听，原来这个妇女是宋兄之妻，就施用阴谋手段，害死了宋兄。恶势力的侵害，使宋家叔嫂非常激愤，两人一起上官府告状，请求伸张正气，使恶棍受到惩罚。他们哪知道，当时的官府是同恶势力一个鼻孔出气的，不但没受理他们的控诉，反而一顿棒打，把他们赶出了官府。回家后，宋嫂要宋弟赶快收拾行装外逃，以免恶棍跟踪前来报复。临行前，嫂嫂烧了一碗鱼，加糖加醋，烧法奇特。宋弟问嫂嫂：今天鱼怎么烧得这个样子？嫂嫂说：鱼有甜有酸，我是想让你这次外出，千万不要忘记你哥哥是怎么死的，你的生活若甜，不要忘记老百姓受欺凌的辛酸之外，不要忘记你嫂嫂饮恨的辛酸。弟弟听了很是激动，吃了鱼，牢记嫂嫂的心意而去，后来，宋弟取得了功名回到杭州，报了杀兄之仇，把那个恶棍惩办了。可这时宋嫂已经逃遁而走，一直查找不到。有一次，宋弟出去赴宴，宴间吃到一道菜，味道就是他离家时嫂嫂烧的那样，连忙追问是谁烧的，才知道正是他嫂嫂的杰作。原来，从他走后，嫂嫂为了避免恶棍来纠缠，隐名埋姓，躲入官家做厨工。宋弟找到了嫂嫂很是高兴，就辞了官职，把嫂嫂接回了家，重新过起捕鱼为生的渔家生活。古代有人吃了这道菜，诗兴大发，在菜馆墙壁上写了一首诗："裙屐联翩买醉来，绿阳影里上楼台，门前多少游湖艇，半自三潭印月回。何必归寻张翰鲈（誉西湖醋鱼胜过味美适口的松江鲈鱼），鱼美风味说西湖，亏君有此调和手，识得当年宋嫂无。"诗的最后一句，指的就是"西湖醋鱼"创制传说。

菜肴实例： 脯酥全鱼（如图2-5-6所示）

主料： 黄花鱼一尾750克

辅料： 冬笋15克、冬菇15克、熟火腿15克、青豆10克

调料： 精盐5克，味精3克，清汤150克，绍酒20克，鸡蛋清4个，干淀粉30克，湿淀粉25克，熟鸡油30克，熟猪油750克，葱、姜末各2克

工艺流程： 原料改刀——鱼肉腌制——蛋清搅打制成蛋泡糊——挂糊炸鱼片——制作芡汁——芡汁淋在鱼片上即可

图2-5-6 脯酥全鱼

制作过程：

1. 将黄鱼去掉鳞、鳃、内脏，冲洗干净，以鳃盖下沿砍下鱼头，将鱼头从下巴劈开，背面相连，从鱼尾脐处将尾剁下，鱼头鱼尾沾匀干淀粉备用。

2. 片下鱼肉，去掉鱼刺骨，将鱼肉劈成长4厘米、宽2厘米、厚0.4厘米的片放入碗内，加绍酒、精盐腌渍入味。冬笋、冬菇、火腿均切成小象眼片。

3. 鸡蛋清放汤碗内，用筷子打成蛋泡，加上干淀粉搅匀待用。炒锅内加熟猪油，用中火烧至四成热（约88℃）时，将鱼片沾匀蛋泡糊，逐片入油内炸熟取出。

4. 鱼头、鱼尾也放油内炸熟取出，分别摆入鱼盘的两端，鱼片放中间呈鱼形。

5. 汤锅内加清汤，放冬笋、冬菇、火腿、青豆、绍酒、精盐烧开后用湿淀粉勾芡，淋鸡油浇在鱼身上即成。

技术关键：

1. 剔鱼肉时，要将大梁刺、软边的鱼刺一并去净。

2. 抽打蛋泡糊时，应先轻后重，先慢后快。

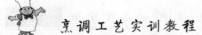
3. 炸鱼片时，保持油温在三四成热，如油温高时可将锅端离火口，或加一些凉油，以保证鱼片洁白而不上色。

4. 芡汁不能过稠浓，应为二流芡。

质量标准： 色泽洁白，清淡滑爽，口味咸鲜。

任务六　烹

烹是先将小型原料用旺火热油炸制成熟，再烹入调料的一种烹调方法，故有"逢烹必炸"说法（所用原料有的要拍粉，有的要挂糊，有的则清炸）。

技法介绍：

这一方法适用于加工成小型段、块及带有小骨、薄壳的原料，如对虾、仔鸡块、鱼条等。原料炸好后，沥去油，再入锅加入调味汁，颠翻几下即成。

烹的特点：是制品外香脆里软嫩，略带汤汁，鲜醇不腻，如炸烹肉片、炸烹子蟹等。

菜肴实例： 炸烹肉片（如图2-6-1所示）

主料： 猪底板肉250克

辅料： 香菜10克、胡萝卜10克

调料： 酱油8克、白糖25克、醋10克、精盐1.5克、料酒10克、葱5克、姜3克、蒜3克、色拉油1000克（实耗50克）

工艺流程： 原料改刀——肉片挂糊——肉片油炸——兑制碗汁——炝锅——放入主辅料烹入汁水——出勺装盘

图2-6-1　炸烹肉片

制作过程：

1. 猪肉切成0.3厘米厚，5厘米长的片，葱姜胡萝卜切成细丝，蒜切成片，香菜切成3厘米长的段。

2. 将肉片放入碗内，放入湿淀粉抓匀挂糊。

3. 碗内加入酱油、白糖、醋、精盐、料酒兑成汁水。

4. 勺内放油烧至六七成热时，将挂糊的肉片，逐片用手抻平放入油内，炸制外皮焦脆，色泽金黄时捞出沥净油。

5. 勺内放底油烧热，放入葱、姜丝、胡萝卜丝、蒜片炝锅，再放入炸好的肉片、香菜段，烹入兑好的汁水，翻勺装盘即可。

技术关键：

1. 挂糊不要过厚、过干，挂的糊能自然流淌为宜。

2. 炸肉片时，油温要掌握好，使肉片达到外焦里嫩的效果。

3. 烹汁水时，勺温度要高火要旺，汁水让肉片吸收还能保持焦脆。

质量标准： 外焦里嫩，甜酸干香，色泽金黄。

趣味知识

炸烹肉片又称"锅包肉"是北方地区传统菜肴，至今还有很多餐馆经营。一般菜肴都讲究色、香、味、型，唯此菜还要加个"声"，即咀嚼时，应发出类似吃爆米花时的那种声音，这是酥脆的标志。这是哈尔滨道台府菜创始人、滨江道署首任道台杜学瀛首席厨师的郑兴文当年为适应外国来宾的口味，就把原来咸鲜口味的"焦烧肉条"改成了酸甜口味的菜肴，这一改使哈尔滨出现首创的菜肴。郑兴文按照菜肴的做法称它为"锅爆肉"，可能是洋人在点菜的时候发音有问题，到现在就被叫成"锅包肉"了。

菜肴实例： 炸烹仔蟹（如图2-6-2所示）

主料： 仔蟹500克

辅料： 香菜5克

调料： 酱油2克、醋1克、精盐2克、味精2克、糖2克、料酒5克、鸡汤25克、油750克（实耗50克）、葱丝5克、姜丝3克、蒜片3克、干淀粉25克

工艺流程： 原料改刀——兑制碗汁——仔蟹沾粉——热油炸制——炝锅——放入原料烹入汁水

制作过程：

1. 将每个仔蟹都从中间切开，刀口处沾上干淀粉。葱、姜切丝，蒜切片，香菜切成段。

2. 用酱油、醋、精盐、味精、糖、料酒、鸡汤兑成碗汁。

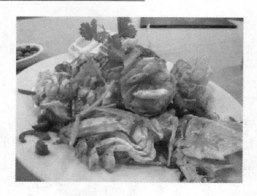

图2-6-2　炸烹仔蟹

3. 勺内放油烧至七八成热时，将仔蟹放入炸制，色呈金黄，外皮酥脆时捞出。

4. 勺内放底油，油热放入葱、姜、蒜炝锅，放入仔蟹、香菜段，烹入汁水，翻炒均匀即可出勺装盘。

技术关键：

1. 炸仔蟹时油温要高，掌握好火候，使之外皮酥脆金黄不焦煳，内肉质细嫩。

2. 烹汁水时，要热锅旺火，急速操作，使汁水让仔蟹吸入，保持酥脆不回软。

质量标准： 蟹壳酥脆，蟹肉细嫩，口味鲜香。

任务七　煎

煎是以少量油使锅底布满，将经过糊浆处理的扁平状原料入锅，两面炙熟至金黄色而成菜的烹调技法。

技法介绍：

根据原料加工、调味手法、加热方式的不同，煎法可分为干煎、南煎、煎转、生煎等法。煎法还是一些其他技法前期加热方式（如红烧鱼的前期煎制），由此派生出煎烧以及煎扒、煎焖、煎蒸等法。

菜肴实例： 南煎丸子（如图2-7-1所示）

主料： 猪肉馅300克

辅料： 鸡蛋1/2个，胡萝卜、黄瓜、水发木耳各25克

调料： 葱、姜末各10克，料酒5克，酱油5克，精盐5克，白糖10克，味精5克，香油10克，湿淀粉20克，清汤100克

工艺流程： 原料选择——刀工处理——调味——两面煎制金黄——爆锅投辅料——调

味——放入主料——勾芡——出勺装盘

图 2-7-1　南煎丸子

制作过程：

1. 将肉馅放入碗里，加鸡蛋，少许湿淀粉，葱、姜末少许，酱油，少许精盐，味精拌匀，上劲。胡萝卜、黄瓜切菱形片，木耳择洗干净，木耳撕成小朵，沥水待用。

2. 吊锅在旺火上烧热，用油滑锅，锅内放油2～3两，烧至三成热时，左手抓起肉馅挤成丸子，右手拿住丸子放入锅内，整齐摆放，不时晃动吊锅煎制。

3. 待丸子变色时，沥掉锅内的油，大翻，将丸子翻个，用手勺背轻轻压扁丸子，再加入少许油稍煎后沥油，放入剩余的葱、姜末，黄花菜和木耳后，再次大翻，将配料压在底下。

4. 向锅内加入料酒、酱油、精盐、白糖、味精和清汤，烧开后，改用小火加盖烧透入味，揭盖大火收汁，淋上湿淀粉勾芡，边淋边晃动，再一次大翻，淋入香油，装盘即可。

技术关键：

1. 肉馅要选用7分精肉3分肥肉，搅馅时要按一个方向搅拌，并逐渐加水，再加盐搅上劲，这样才能达到入口即化的效果。

2. 吊锅要净，否则粘锅糊底。

3. 下丸子前油温在70℃～130℃，并以70℃～100℃为宜，这样才能使丸子相连不散，即使大翻也能保证菜肴形状完好。

质量标准：色泽淡红，肉质酥香，口味甜咸软嫩。

趣味知识

全国各地的丸子都是圆形，唯独保定府的南煎丸子是扁形棋子状。这是为什么呢？因为古时保定城以水路为主，南、北奇一带水域广泛，路网密集。保定府会馆林立，南北货物云集于此，从而带入了各地的特产。如冬笋、香菇、海参等。南奇厨师采用本地的荸荠，配以南方的玉兰片、肉馅、海参等做成丸子。因直隶总督袁世凯位高权重，民间戏称袁大头，在直隶官府宴席中，为避讳"袁"字，厨师将圆形丸子，大胆采用独特的烹制方法，创制出南北皆宜、原汁原味的美味佳肴，因出于保定府南奇，故取名南煎丸子。

菜肴实例：摊黄菜（如图2-7-2所示）

主料：鸡蛋3个

调料：精盐3克、葱姜各1分、花椒水少许

工艺流程：原料选择——调味——下锅两面煎熟——成菜装盘

图2-7-2 摊黄菜

制作过程：

1. 将鸡蛋打入碗内，加入精盐，葱、姜末，花椒水搅匀待用。

2. 锅内放稍大量底油烧热，倒入蛋液将锅转动，将蛋液摊圆饼形，微火煎制，在蛋饼四周淋明油，将吊锅转动一下大翻，两面煎成金黄色时，出锅装入盘内即可。

技术关键：

1. 蛋液下锅前，锅不能太热，要锅净油清。

2. 蛋液下锅后，要勤晃吊锅。

3. 要淋明油入锅，使蛋膨胀。

4. 要有大翻勺技术。

质量标准：色泽金黄，软嫩鲜香。

趣味知识

　　大家可能都知道，饭馆有道家常菜叫做"摊黄菜"，说是"摊黄菜"，其实就是"摊鸡蛋"。那么，普普通通的摊鸡蛋，缘何被称作"摊黄菜"呢？这里还有一段鲜为人知的小笑话呢。安德海是慈禧宠幸的大太监，一次他奉慈禧之命外出办事，中午饿了，就带着随行的小太监来到一家饭馆吃饭。安公公点了几道素菜，不大工夫跑堂伙计一边吆喝着一边往饭桌上菜"来啦，摊鸡蛋，您呐！"安公公一听不乐意了，怒斥道："小猴崽子，吆喝什么呢？"伙计赶紧笑答："这位爷，给您上的'摊鸡蛋'""混账！"安公公猛然站起来，抬手就给了伙计一脖溜，把伙计都打懵了，"哎，爷，您怎么打我……"安公公一瞪眼："打的就是你！猴崽子，明明是那个什么菜，你非得说成那个什么菜，这不成心跟我这怄气吗？"这正闹得热闹，掌柜闻讯赶紧跑过来，掌柜是个老江湖，他一看安德海这模样，一听说话这音调，就明白了八九。赶紧赔笑脸，"这位爷，您消消气，他年轻不懂事，别跟他一般见识。"回头又责备伙计："你真不会做事，这明明是一道……一道'摊黄菜'，你怎么胡说乱说呢？"安公公一看掌柜一劲儿说好话，才算罢休，说："以后，这道菜都不准叫那个什么，只能叫做'摊黄菜'，要是以后再敢叫那个什么，可别怪我对你们那个什么啦！"老百姓开饭馆，谁惹得起大名鼎鼎的皇宫内廷大总管安公公啊，所以从那以后，凡是饭馆的"摊鸡蛋"，都给改成"摊黄菜"了，而且一直沿用至今。

菜肴实例： 干煎黄鱼（如图2-7-3所示）

主料： 黄花鱼2条（重约500克）

辅料： 面粉30克

调料： 精盐5克、醋5克、料酒5克、葱姜蒜各10克、香菜5克、味精1克

工艺流程： 原料选择——初加工——刀工处理——调味腌制——下锅两面煎熟——烹入调料——成菜装盘

图2-7-3　干煎黄鱼

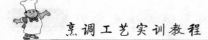

制作过程：

1. 把鱼去鳞，从嘴去腮，取内脏，择洗干净，两面每隔0.5厘米剞上斜刀口，用精盐、味精、醋、料酒卤过，蘸上一层面粉。

2. 鸡蛋磕入碗内，用筷子搅匀；葱、姜切丝，蒜切片。

3. 锅净放入油烧热，把鱼蘸上面粉放入锅内，两面煎成金黄色；放入葱、姜丝，蒜片，烹入醋、料酒。改用小火，煎熟。盛入盘中撒上香菜即可。

技术关键：

1. 要选用新鲜的原料，要热锅凉油下锅煎制，避免破皮。

2. 掌握火候，煎制不生不糊。

3. 要有过硬的勺功基本，不能翻碎。

质量标准： 鱼煎成金黄色，不生不焦，味香鲜咸。

任务八　贴

贴是将两种以上的原料，经加工黏合在一起，用少量油小火一面贴锅底炙熟成菜的烹调方法。

技法介绍：

贴法与煎基本相同，但下锅后只煎贴锅底一面，是一种特殊的烹制技法。贴的原料一般在两种以上，一种用做底托，古法常以猪熟肥膘，猪网油为底托，现改为蛋糕、蛋皮、面包等；另一种数种原料可切片，贴在底托上面；为了便于粘连，一般夹黏性的茸泥馅并点缀色彩。贴的成品特点是：色彩艳丽，底壳香脆，上表软嫩。

菜肴实例： 锅贴鱼（如图2-8-1所示）

主料： 净鱼肉200克、熟猪肥膘肉200克、虾泥200克

辅料： 面粉30克、鸡蛋清1个

调料： 料酒10克、精盐5克、味精2克、干淀粉少许、芝麻油5克、猪油少许、胡椒粉5克

工艺流程： 原料选择——刀工处理——调味腌制——叠合成型——入锅加热——烹入调料——成菜装盘

制作过程：

1. 将净鱼肉片成3厘米长，1厘米宽，0.3厘米厚的片，放入碗里，加少许料酒，精盐，味精，胡椒粉拌匀腌渍；肥膘肉片成与鱼片大小一致，0.3厘米厚的薄片。

图 2-8-1 锅贴鱼

2. 将肥膘肉片平摊在砧墩上，撒上干淀粉，将虾泥加少许料酒、精盐、味精、芝麻油拌成馅心，然后挤成丸子，分别放在肥膘肉片上，肉丸上再放上鱼片，轻轻把丸子按平，使鱼片、虾馅、肥膘肉三者大小一样，再将鸡蛋清加淀粉和少许水调成薄糊，涂在鱼片上待用。

3. 锅内放油，烧至五成热时，把鱼片放入锅内煎（肥膘肉在下面），煎至淡黄色，中间馅已熟时，将油沥去，翻个，烹入黄酒和剩下的芝麻油，出锅装入盘内即成。

技术关键：

1. 所有主料都加工成片状，便于叠合时保持整齐。一般片形长 5 厘米，宽 2.5 厘米，厚 0.4 厘米，也可将一种原料加工成夹刀片形。

2. 要掌握好火候，不能煎煳或煎不熟，贴法在加热过程中只煎原料底层这一面，因此餐饮业有"一面为贴，两面为煎"的说法。贴法的用油量比煎法要多一些，但只能达到相当于原料厚度的一半左右，不能没过原料。

质量标准：色泽淡黄，嫩鲜肥香，整齐不散。

任务九 塌

塌是指将刀工处理后的原料挂拍粉拖蛋糊后，整齐的放入炒锅中两面煎成金黄色，再加汤，调料，小火煨熟的一种烹调方法。所用原料大多是片状。

技法介绍：

这种技法因原料挂糊后在加热过程中形成厚膜，在放入味汁时能够大量吸收味汁，形成浓厚丰润的滋味，呈现色泽金黄，形状整齐，口味醇厚，质地软嫩的特点。塌菜适用于质地软嫩的肉类、鱼、虾、豆腐等动植物性原料。

菜肴实例： 锅塌肉片（如图2-9-1所示）

主料： 猪里脊肉300克

辅料： 鸡蛋1个、淀粉30克、面粉15克、红椒和香菜少许

调料： 鸡汤50克、精盐4克、料酒3克、花椒水5克、味精1克、葱姜蒜各10克

工艺流程： 原料选择——刀工处理——调味腌制——粘面托蛋——入锅加热——烹入调料——勾芡——淋明油出勺——成菜装盘

图2-9-1 锅塌肉片

制作过程：

1. 将里脊肉切成大片，放入少许精盐、味精、料酒腌渍5分钟；葱、姜切丝，蒜切片，红椒切丝，香菜洗净切成段。把里脊片蘸上一层面粉，鸡蛋磕入碗内，用筷子搅散。

2. 锅内放底油，四成热时将里脊片蘸上蛋液，逐片放入锅内，摆放整齐，两面煎成金黄色，倒在漏勺中。

3. 锅内放底油，用葱、姜、蒜炝锅，添鸡汤、精盐、料酒、花椒水和味精，把里脊片推到锅内，改用小火煨3分钟；旺火收汁，湿淀粉勾芡，淋上明油，大翻，撒上香菜段，拖在盘内即成。

制作关键：

1. 加工时肉片要薄厚一致，腌制时口味不宜过重，以免原料脱水。

2. 掌握好油温，里脊片不要煎得过火。

3. 勾好芡，盘内留有少量的芡汁。

质量标准： 里脊片厚薄均匀，不脱糊。色泽金黄不糊，明油亮芡，鲜咸软嫩。

菜肴实例： 锅塌豆腐（如图2-9-2所示）

主料： 豆腐1块

辅料： 鸡蛋1个、肉馅150克、面粉50克

调料：精盐 5 克、花椒水 5 克、味精 1 克、葱姜蒜各 10 克、鸡汤 50 克、香菜梗少许

工艺流程：原料选择——刀工处理——调味腌制——叠合成型——粘面托蛋——入锅加热——烹入调料——勾芡——淋明油出勺——成菜装盘

图 2－9－2　锅塌豆腐

制作过程：

1. 将豆腐切成 3 厘米长，1 厘米厚的片，共二十四片；葱、姜一半切丝，另一半切末。蒜切片，香菜切段。将肉馅放入精盐，味精，花椒水，葱、姜末，少量的水搅匀上劲。

2. 将两片豆腐中间抹上肉馅，制成十二个方块。

3. 把鸡蛋打入碗内搅匀、搅散，一半抹在盘面，放上豆腐块，另一半抹在豆腐表面。

4. 锅内放底油，烧热，将豆腐推入锅内，两面煎成金黄色；然后下入葱、姜丝，蒜片，大翻，加汤，精盐，味精，烧开后勾芡，淋明油，大翻，装入盘内，撒上香菜梗。

技术关键：

1. 此技法适用于质地软嫩的肉类、鸡、虾、鱼、豆腐等动物性原料，必须掌握好火候。

2. 必须有过硬的勺功基础。

质量标准：色泽金黄，不糊；大翻后整齐，不散，不裂；芡汁明亮。

菜肴实例：锅塌白菜卷（如图 2－9－3 所示）

主料：白菜叶 300 克、肉馅 100 克

辅料：鸡蛋 2 个、面粉 50 克、湿淀粉 10 克、香菜梗少许

调料：精盐 5 克、料酒 5 克、花椒水 5 克、味精 1 克、肉汤 70 克、葱姜丝蒜片各 10 克、海米芝麻油各少许

工艺流程：原料选择——刀工处理——调味腌制——包卷成型——粘面托蛋——入锅加热——烹入调料——勾芡——淋明油出勺——成菜装盘

图 2‑9‑3　锅塌白菜卷

制作过程：

1. 将白菜叶洗净，用沸水锅焯水，捞出透凉，肉馅放葱、姜末、海米、肉汤、精盐、味精、芝麻油拌匀，用菜叶卷成手指粗细的卷，再切成 1 厘米长的段，蘸上面粉。

2. 鸡蛋打入碗内调匀，白菜卷蘸上鸡蛋码在盘内，锅内放油，烧至四成热时，把白菜卷摆放到锅内，两面煎成金黄色倒出。

3. 锅内放底油，用葱、姜丝，蒜片炝锅，加入肉汤，精盐，料酒，花椒水和白菜卷，烧开后改用小火，加盖煨熟；用中火收汁，调入味精，用湿淀粉勾薄芡，淋明油，大翻出锅，装盘撒上香菜即成。

技术关键：

1. 菜叶焯水不能过火。

2. 卷时粗、细，长、短一致。

3. 下锅时，锅内温度不能过高。

质量标准： 口味鲜咸，质地软嫩；色泽金黄，形状整齐。

在餐饮业中，把煎、贴、塌三法视为同一类型的技法，即都是选用易熟细嫩的原料作为主料，都要经过加工切配，都要挂糊，都是用中小火力、少油量、较长时间加热制成菜肴。而成品的风味特色大致相同，如色呈金黄、外酥脆、内软嫩、干香不腻等。在这三种技法中，煎法是基础，贴法和塌法都是煎法的变化和发展。下面我们把三者之间的主要分别再梳理一下：第一，在主料上，煎法只用单一主料；贴法则用两种以上的主辅料，其中把肥膘肉视为不可缺的配料；塌法既可用单一主料，又可用单一主辅料。第二，在加工处理上，煎法主料都是加工成扁薄的长方形；贴法除切成长方形外，也可切成圆形片、菱形片等；塌法大多为方片。第三，在风味特色上，煎法是两面金黄色，外酥脆，内软嫩；贴法是一面金黄酥脆，一面本色软嫩；塌法风味质感与煎法大体相同，但表面酥脆性不如煎法，而内部软嫩则超过煎法，滋味也比煎法厚一些。

任务十　㸆

㸆（kào）是将原料经油炸，煸炒等热处理后，加入调料，汤汁，以中、小火加热至原料软烂入味，改用旺火收成浓汁，留有少许汤汁成菜技法。

技法介绍：

这种技法是以实现原料适度软烂、味汁浓稠、黏附原料为烹调目的。㸆法多用于高档原料菜肴，比如山珍野味、海味干货以及禽畜鱼虾等。

菜肴实例：㸆肉段（如图 2－10－1 所示）

主料：猪精肉 250 克

辅料：生菜 30 克

调料：盐 5 克、白糖 70 克、醋 10 克、料酒 5 克、花椒水 5 克、葱姜各 10 克

工艺流程：原料选择——刀工处理——腌制入味——炸制——大火烧——小火煨烂——大火收汁——成菜装盘

图 2－10－1　㸆肉段

制作过程：

1. 把猪精肉切成 3 厘米长的段，用酱油抓拌均匀，腌制片刻；下入七成热的油中炸呈火红色捞出，沥油待用；葱、姜切块。

2. 锅放底油烧热，葱、姜块炸锅，加糖、盐，加醋，酱油，料酒，花椒水，添入适量的水，放入炸好的肉段；烧开时改用小火㸆焖；汁浓时，旺火㸆至火红，倒在盘的一边。生菜洗净切段，放在盘的另一边即成。

技术关键：

1. 掌握好炸制时候的油温。

2. 掌握好熘制收汁时的火候。

质量标准： 火红色，明亮，少有浓汁，甜咸可口。

菜肴实例：熘排骨（如图2-10-2所示）

主料： 猪精排骨500克

辅料： 胡萝卜50克

调料： 白糖70克、精盐5克、葱姜各5克、番茄酱2克、酱油2克

工艺流程： 原料选择——刀工处理——腌制入味——炸制——大火烧开——小火煨烂——大火收汁——成菜装盘

图2-10-2 熘排骨

制作过程：

1. 将猪排骨洗净，剁成3厘米长的段，放入盘中加酱油腌制片刻；胡萝卜切成月牙片，入沸水锅焯熟，捞出透凉，沥水待用。

2. 锅内注入油，烧至七八成热时，放入排骨，炸至火红色捞出，沥油待用。

3. 锅放底油加番茄酱、糖，放适量的水、精盐、排骨，旺火烧开，小火熘。熟烂后，旺火收汁，倒入胡萝卜翻炒均匀，将汤汁熘尽，出锅装盘即成。

技术关键：

1. 剁排骨时成块大小一致。

2. 掌握好过油时的油温，可复炸。

3. 掌握收汁时的火候，不能过急，防止糊锅，影响菜肴质量。

质量标准： 质地酥软香甜，火红色。

菜肴实例： 燌香鸡（如图 2-10-3 所示）

主料： 嫩母鸡 1 只

辅料： 香菜少许

调料： 料酒 5 克、白糖 50 克、酱油 5 克、丁香 1 克、桂皮 5 克、花椒 2 克、精盐 10 克、葱姜各 10 克、清汤少许、湿淀粉 5 克

工艺流程： 原料选择——刀工、焯水处理——腌制入味——炸制——大火烧开——小火煨烂——大火收汁——成菜装盘

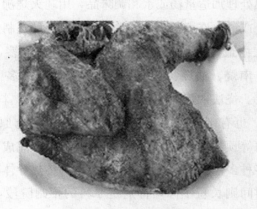

图 2-10-3　燌香鸡

制作过程：

1. 将鸡从脊背开膛，取出内脏和食素，剁去翅尖、鸡爪；用水清洗干净，下入沸水锅焯水，稍烫捞出，洗去血水和污物，沥干水分。用盐把鸡的周身擦遍，腌两个小时。葱、姜一半切块，一半切丝，香菜切段。

2. 将鸡冲洗一下，放在盆内，加料酒、酱油、精盐、丁香、花椒、桂皮、葱、姜块和清汤，上屉蒸烂。

3. 油锅上火，烧至七成熟时，将蒸烂的鸡放入漏勺，表皮挂上酱油和湿淀粉调成的薄糊。弄破鸡眼睛，在油中炸至枣红色时翻个稍炸，捞出沥油。

4. 锅内少许底油，放入葱、姜丝炝锅，放入白糖炒呈杏黄色，加适量的水，精盐，炸好的鸡皮向下，小火燌 10 分钟翻个，中火收汁，并不断用手勺拍打鸡身，使之充分入味，放入香菜段，淋上明油，装盘即成。

技术关键：

1. 初加工处理时不要弄破表皮。

2. 制作成形时切断胸脆骨、翅骨、腿骨，但要保持鸡皮的完整。

3. 炸时弄破鸡眼睛，防止高温炸时眼睛爆炸。

4. 掌握好收汁时的火候。

5. 爆制的时间不宜过长。

质量标准：色泽火红，香酥不腻，甜咸适口。

任务十一　烧

烧是主料经过初步熟处理加适量汤或水和调味品，用旺火烧沸，再改用中小火使之入味，最后用旺火收浓卤汁或淋少许水淀粉使汁水稠浓成菜一种烹制方法。

烧，是各种烹调技法中最复杂的一种技法。烧法的种类繁多，大体可分为红烧、白烧、干烧、葱烧、糟烧、南烧、油烧、汤烧、叉烧、扒烧等十多种，具体做法，各不相同，烹调流程，极不统一。烧法的用料广泛，既有生料，也有熟料、半熟料；既有整料，也有碎料；既有挂糊的，也有不挂糊的，情况复杂。而且所有原料，都要经过煸、炒、炸、煎、蒸、煮、酱、卤等预制的过程，才能进入烧的环节，完成菜肴的烹制。烧法的火候、调味、质感等又是多种多样。一般地说，烧是以水为传热导体的烹调方法，一般使用中等小火的火力，用火时间则长短不同，特别是原料的预制阶段，用的火力更多、更复杂。烧的质感，一般以断生脱骨为恰到好处，脆、酥、嫩都要适当。

烧法的调味料多而复杂，口味千变万化，鲜、咸、甜、麻、辣、酸、香，应有尽有，红烧咸中微甜，干烧鲜、咸、香、辣，以辣突出；在芡汁上，有的勾芡，有的"自来芡"，有的不勾芡，以勾芡的较多，干烧的汁少（只见油不见汁），干烧的红亮，乌参烧的黑里透亮，菜心烧的青翠欲滴，虾仁、烂糊白菜烧的色泽白净，都是鲜艳美观，诱人食欲。

烧法的种类虽多，具有代表性的是红烧、干烧、白烧几种，其他烧法，都是在这个基础上的发展和创新。

红烧，主料多经过初步熟处理，再加入汤和调料，用急火烧开，再改用慢火烧，使味渗入主料内部或收浓汤汁，或再用水淀粉勾芡烹制。红烧在进行熟处理（炸、煎、煸）时，上色不要过重，因原料不同做法也不一样。

干烧又叫大烧，将主料经过较长时间的小火烧制，使汤汁渗入主料内，主料以鱼类为多。原料多用炸法，调味必须用辣椒、豆瓣酱等。烧汁要紧，不勾芡、淋明油。

白烧，一般不放酱油，经煮或蒸、氽、烫、油滑之后，再进行烧制。主料多为高级原料，如鱼翅、鱼肚等；蔬菜也多用菜心，汤汁一般多用奶汤烧制。

烧菜的特点是卤汁少而稠浓，原料质地软嫩，味道鲜醇。

菜肴实例：葱烧海参（如图 2-11-1 所示）

主料：水发海参 500 克

辅料：大葱 200 克

调料：精盐 4 克、味精 3 克、酱油 25 克、白糖 15 克、料酒 20 克、姜 25 克、糖色 3 克、清汤 250 克、湿淀粉 250 克、熟猪油 125 克

工艺流程：原料改刀——炸大葱制葱油——海参初步处理——海参加炸葱和调料烧

图 2-11-1 葱烧海参

制作过程：

1. 海参切成宽片，煮透后控去水分。大葱切成 4 厘米长的段，姜块用刀拍一下待用。

2. 将猪油烧至六成熟时放入葱段，炸至金黄色时捞出，葱油备用。

3. 清汤加葱、姜、精盐、料酒、酱油、白糖、海参，烧开后微火煨 2 分钟，捞出控干。

4. 猪油加炸好的葱段、精盐、海参、清汤、白糖、料酒、酱油、糖色，烧开后移至微火煨 2～3 分钟，再上旺火加味精并用淀粉勾芡，用中火烧透收汁，淋入葱油，盛入盘内，葱烧海参即成。

技术关键：

1. 海参本身有腥涩味，初步处理时要用凉水慢慢加热，另外焯水时加一些绍酒、葱、姜以便去掉腥涩味。

2. 炸葱时要掌握好油的温度及炸制时间，一般以金黄色为好，葱炸老了会有糊葱味，炸轻了香味出不来。

3. 芡汁下锅，不要马上搅动，稍等三四秒钟，再将其搅匀，淀粉糊化，使之明汁亮芡。

质量标准：海参柔软滑润，色泽红褐油亮，葱香浓郁，咸鲜微甜，食后盘无余汁。

趣味知识

　　"葱烧海参"是以刺参为主料，配以俗称"葱王"的章丘大葱，用油炸至金黄色，发出葱油的芳香气味，浇在烧过的海参上，其色泽红褐光亮，海参质地柔软滑润，葱香四溢，经久不散，芡汁浓郁醇厚，是山东广为流传的风味名菜。特级烹调师杨品三烹制的"葱烧海参"精妙备至，菜一登案，香飘满室。曾在1983年第一届全国名师技术表演鉴定会上以此菜做了献技表演。海参属名贵海味，被列为中八珍之一。可分为刺参、乌参、光参和梅花参多种，山东沿海所产的刺参为海参上品。海参之名贵还另有一个原因，就是海参生于浅海礁石的沙泥海底，喜在海草繁茂的地方生长，在采捞时需人工潜水逐个捕捞，费力而得之少，故物以稀为贵。葱烧海参，原在海参类菜肴中并不占显赫位置。多少年来，北京许多餐馆制作的这个菜，色暗汁宽，味薄寡淡。袁枚《随园食单》亦载有："海参无为之物，沙多气腥，最难讨好，然天性浓重，断不可以清汤煨也。"有鉴于此，北京丰泽园饭庄老一代名厨王世珍率先进行了改革。他针对海参天性浓重的特点，采取了"以浓攻浓"的做法，用浓色、浓汁、浓味入其里，表其外，达到色香味形四美俱全。海参的营养价值在于含胆固醇低，脂肪含量相对少，对高血压、冠心病、肝炎等病人及老年人堪称食疗佳品，常食对治病强身很有益处。海参含有硫酸软骨素，有助于人体生长发育，能够延缓肌肉衰老，增强机体的免疫力。海参微量元素钒的含量居各种食物之首，可以参与血液中铁的输送，增强造血功能。最近美国的研究学者从海参中萃取出一种特殊物质——海参毒素，这种化合物能够有效抑制多种霉菌及某些人类癌细胞的生长和转移。食用海参对再生障碍性贫血、糖尿病、胃溃疡等均有良效。海参性温，味甘、咸；具有滋阴补肾、壮阳益精、养心润燥、补血、治溃疡等作用。购买海参在挑选上盐渍海参和即食海参应选择体大、肉厚、无泥沙的为好。如发现海参过分发涨，肉质失去韧性，手指稍用力一捏就开裂破碎，并能闻出明显碱味，一定不要购买。而干海参其色泽应为黑灰色或灰色，体形完整端正，个体均匀，大小基本一致，结实而有光泽，刺尖挺直且完整，嘴部石灰质显露少或较少，切口小而清晰整齐，腹部下的参脚密集清晰；单体重按规格分7克左右至15克以上不等；体表无盐霜；附着的木炭灰或草木灰少，无杂质异味。

菜肴实例：麻婆豆腐（如图2-11-2所示）

主料：豆腐400克

辅料：牛肉75克、青蒜苗段15克

调料：川盐4克、味精2克、豆豉5克、郫县豆瓣10克、酱油10克，辣椒粉5克、

花椒粉 2 克、湿淀粉 15 克、姜粒 10 克、蒜粒 10 克、肉汤 120 克、熟菜油 100 克

工艺流程：原料改刀——煵炒牛肉末——加调料炒香——放入豆腐烧入味——勾芡淋明油——撒蒜苗花椒粉

图 2－11－2　麻婆豆腐

制作过程：

1. 将豆腐切成 2 厘米见方的块，放入沸水内加川盐 2 克浸泡片刻后沥干水分，牛肉剁成末。郫县豆瓣剁细。

2. 炒锅置中火上，下熟菜油烧至六成热，放入牛肉煵炒至酥香，续下豆瓣炒出香味后，下姜蒜粒炒香，再放豆豉炒匀，下辣椒粉炒至色红时，放入肉汤烧沸，再下豆腐用小火烧至入味，加味精退转，用湿淀粉勾芡，使豆腐收汁淋明油，下蒜苗断生后起锅装盘，撒上花椒粉即成。

技术关键：

1. 豆腐一定用沸水浸泡过，以去涩味，放盐适量。

2. 为保证豆腐形整不烂，烧制时应以中小火慢烧，翻动宜少而轻，翻动时从锅边轻轻向下铲，周围翻动。

3. 牛肉应选无筋的瘦牛肉，入锅煵干水分至吐油时起锅。下豆腐烧入味，勾芡前放入煵干的牛肉，保持其香酥的特色。

4. 炒豆瓣、豆豉、辣椒面火力不要太旺，炒出红色而不能发黑。

5. 豆腐以分次勾芡为好，芡汁应当浓些，上桌不会出现吐水情况。

质量标准：色泽红润，豆腐软嫩，其味麻、辣、酥、香、嫩、鲜、烫。

趣味知识

　　麻婆豆腐，在一百八十年前，清同治初年，四川省成都市靠近郊区的万福桥，有个叫陈春富的青年和他的妻子刘氏，在这里开了一家专卖素菜的小饭铺。成都附近彭县、新繁等地到成都的行人和挑担小贩，很多人都喜欢在万福桥歇脚，吃顿饭，喝点茶。刘氏见到客人总是笑脸相迎热情接待。刘氏烧的豆腐两面金黄又酥又嫩，客人们很爱吃。有时遇上嘴馋的顾客要求吃点荤的，她就去对门小贩处买回牛肉切成片，做成牛肉烧豆腐供客人食用。刘氏聪明好学，能虚心听取顾客们的意见，改进烹调方法，譬如下锅之前先将豆腐切成小块，用淡盐水焯一下，使豆腐更加软嫩。牛肉由切成块状变成细粒。刘氏做这道菜，除了注重调料的搭配，更注意掌握火候。她烹制的牛肉烧豆腐，具有麻、辣、香、烫、嫩、酥等特点，很多人吃起来烫得出汗，全身舒畅，吃了还想吃，因此招来不少回头客。刘氏小时候出过天花，脸上留下几颗麻点，来往的客人熟了，就取笑叫她麻嫂，她也从不见怪。后来年纪大一点，人们改口叫麻婆。她做牛肉烧豆腐出了名，于是就成了"麻婆豆腐"。其饮食小店后来也以"陈麻婆豆腐店"为名。1909 年出版的《成都通览》已将此店及"陈麻婆之豆腐"，列入与包席馆正兴园、钟汤圆等店齐名的 22 家成都之著名食品店。《成都竹枝词》、《芙蓉话旧录》等书对陈麻婆创制麻婆豆腐的历史均有记述。麻婆豆腐由于名声卓著，已流传全国，乃至日本、新加坡等国。

菜肴实例： 干烧岩鲤（如图 2-11-3 所示）

主料： 岩鲤一尾 1000 克

辅料： 火腿肥膘肉 125 克

调料： 川盐 5 克、郫县豆瓣 50 克、味精 5 克、醪糟汁 50 克、白糖 5 克、绍酒 50 克、醋 5 克、泡红辣椒 40 克、肉汤 750 克、姜 40 克、葱 50 克、蒜 50 克、熟菜油 2000 克

工艺流程： 原料改刀——原料油炸——炝锅——加调料放入主料——烧至成熟收汁

图 2-11-3　干烧岩鲤

制作过程：

1. 将净岩鲤鱼身两侧各剞五六刀（刀距 3 厘米、深 0.5 厘米），用川盐（3 克）、绍酒抹匀全身，腌渍入味。火腿切成 0.5 厘米的粒；葱切成 0.5 厘米的粒；姜蒜切成碎粒；泡辣椒、郫县豆瓣剁细。

2. 炒锅置旺火上，下菜油烧至七成热，放入鱼炸至皮稍现皱纹时捞起。

3. 锅留油 50 克，烧至四成热，下泡辣椒、豆瓣煸香出色，掺入肉汤烧，出味后，打去渣不用。将鱼和火腿粒放入，加姜、蒜、川盐 2 克、醪糟汁、白糖，至小火上糁至汁将干，鱼熟入味时，加味精、醋、葱，把锅提起轻轻摇动，同时不断将锅内汤汁舀起，淋在鱼身上至亮油不见汁时，起锅盛入条盘即成。

技术关键：

1. 此菜在烹制上，较之其他"干烧"一类的菜肴，又有其独特的风味。一是为增加成菜的色泽和使味更加浓厚，加了姜、葱和豆瓣；二是为使鱼肉的质地更细嫩腴美，又酌加了肉粒。

2. 酱油和糖的用量均要轻，成菜后见油不见汁。用小火收汁亮油，忌用大火。

质量标准： 形态完整，色泽红亮，咸鲜微辣，略带回甜。

趣味知识

　　岩鲤，学名"岩原鲁"，俗称"岩鲤"。分布于长江上游及嘉陵江、金沙江水系，生活在底质多岩石的深水层中，常出没于岩石之间，体厚丰腴，肉紧密而细嫩。是川江有鳞鱼之上品。四川有谚语云："一鳊、二岩、三青鲅。"以之烹制的"干烧岩鲤"是四川重庆一款久负盛名的鱼肴。干烧法为四川厨师所独创，乃以多量鲜肉汤加味料，将鱼烧至汁干入味，四川烹饪界称此为"自来芡"、"自然收汁"。

菜肴实例： 九转大肠（如图 2-11-4 所示）

主料： 熟猪肥肠 750 克

辅料： 香菜末 6 克，胡椒面、肉桂面、砂仁面各 0.25 克

调料： 精盐 4、绍酒 50 克、酱油 15 克、白糖 80 克、醋 50 克、熟猪油 500 克（约耗 75 克）、鸡油 15 克、清汤 250 克、克葱蒜姜各 5 克

工艺流程： 原料改刀——肥肠油炸——炒糖色放入肥肠上色——加调料烧——放入香料收汁

制作过程：

1. 将熟肥肠细尾切去不用，切成 2.5 厘米长的段，放入沸水中煮透捞出控干水分。

2. 炒锅内注入油，待七成热时，下入大肠炸至金红色时捞出。

图 2-11-4　九转大肠

3. 炒锅内倒入香油烧热，放入 30 克白糖用微火炒至深红色，把熟肥肠倒入锅中，颠转锅，使之上色，再烹入料酒、葱姜蒜末炒出香味后，下入清汤 250 克、酱油、白糖、醋、盐、味精、汤汁开起后，再移至微火上煨。

4. 待汤汁至 1/4 时，放入胡椒粉、肉桂面、砂仁面，继续煨至汤干汁浓时，颠转勺使汁均匀地裹在大肠上，淋上鸡油，拖入盘中，撒上香菜末即成。

技术关键：

1. 肥肠用套洗的方法，里外翻洗几遍去掉粪便杂物，放入盘内，撒点盐、醋揉搓，除去黏液，再用清水将大肠里外冲洗干净。

2. 将洗干净的肥肠先放入凉水锅中慢慢加热，开后 10 分钟换水再煮，以便除去腥臊味。

3. 煮肥肠时要宽水上火，开锅后改用微火。发现有鼓包处用筷子扎眼放气，煮时可加姜、葱、花椒，除去腥臊味。

4. 制作时要一焯、二煮、三炸、四烧。

质量标准： 酸、甜、香、辣、咸五味俱全，色泽红润，质地软嫩。

趣味知识

"九转大肠"出于清光绪初年，由济南"九华楼"酒店首创，九华楼是济南富商杜氏和邰氏所开。杜氏是一巨商，在济南设有 9 家店铺，酒店是其中之一。这位掌柜对"九"字有着特殊的爱好，什么都要取个九数，因此他所开的店铺字号都冠以"九"字。"九华楼"设在济南县东巷北首，规模不大，但司厨都是名师高手，对烹制猪下货菜更是讲究，"红烧大肠"（九转大肠的前名）就很出名，做法也别具一格：下料狠，用料全，五味俱有，制作时先煮、再炸、后烧，出勺入锅反复数次，直到烧煨至熟。所用调料有名贵的中药砂仁、肉桂、豆蔻，还有山东的辛辣品：大葱、大姜、大蒜以及料酒、清汤、香油等。口味甜、酸、苦、辣、咸兼有，烧成后再撒上芫荽（香菜）末，增添了清香之味，盛入盘中红润透亮，肥而不腻。有一次杜氏宴客，酒席上了此菜，众人品尝这个佳肴都赞不绝口。有一文士说，如此佳肴当取美名，杜表示欢迎。这个客人一方面为迎合店主喜"九"之癖，另外，也是赞美高厨的手艺，当即取名"九转大肠"，同座都问何典？他说道家善炼丹，有"九转仙丹"之名，吃此美肴，如服"九转"，可与仙丹媲美，举桌都为之叫绝。从此，"九转大肠"之名声誉日盛，流传至今。

任务十二　煮

煮是将原料（有的是生料，有的是经过初步熟处理的半制成品）放于多量的汤汁或清水中，先用旺火烧沸，再用中、小火煮熟成菜的一种烹调方法。

煮既是一种烹调方法，又是一种加工方法。一般煮有三种，一是煮成菜肴，二是煮料，三是煮汤。三种煮法不同各有各的要求。煮成菜肴的方法：选择原料新鲜、富含蛋白质，使原料中的呈味物质易于溶解汤汁中，增其鲜味。原料多加工成各种形状，白煮原料形整，有些要剞上花刀或改块。对腥膻气味较重的原料，在煮制前采用焯水，油煎的初步处理，以去除原料中不良气味。煮的方法有的根据烹调需要进行炝锅。煮制时要掌握好火候，使汤汁有一定的浓度，以保持菜的特色。

菜的特点是：汤宽汁浓，不经勾芡，味道清鲜。

菜肴实例： 扬州煮干丝（如图 2-12-1 所示）
主料： 方豆腐干 500 克
辅料： 熟鸡肝片 25 克、熟鸡胗片 25 克、熟虾仁 50 克、冬笋片 30 克、虾仔 15 克、熟鸡丝 10 克、熟火腿丝 10 克、炒熟豌豆苗 10 克
调料： 鸡清汤 500 克、白酱油 15 克、精盐 25 克、熟猪油 120 克
工艺流程： 原料刀工处理——沸水焯制——清汤调味——放置原料煮制——盛装
制作过程：

1. 将豆腐干先批成厚约 0.05 厘米的薄片，再切成细丝，放入沸水锅中，加少量盐浸烫两次，清水过清，捞出挤去水分，放在碗中。

2. 炒锅加入清鸡汤，下干丝、鸡丝、鸡胗、肝、笋、虾仔、熟猪油旺火烧 15 分钟，待汤汁浓厚时，加精盐、白酱油，移小火上烩煮 5 分钟，出锅前再用旺火烧开，下豆苗，放味精，将干丝连汤倒在汤盆里，撒火腿丝，虾仁即成。

图 2-12-1　扬州煮干丝

技术关键：

1. 选用黄豆制作的白色方豆腐干，切成细丝后，放入沸水浸烫，并用竹筷轻轻拨散，以防粘在一起，沥去水后，再用沸水浸烫2次，每次约2分钟，捞出后，挤去黄泔水的苦味，放入碗中待用。不要为了省事，减少步骤。注意豆腐干内部不能起小孔。

2. 此菜讲究刀工，需有娴熟扎实的基本功。将豆腐干片成0.05厘米厚的薄片后，再切成火柴梗粗细的细丝。

质量标准： 色泽美观，干丝洁白，质地绵软，汤汁浓厚，味鲜可口。

趣味知识

"扬州煮干丝"同镇江肴肉一样盛名天下。凡是到镇江、扬州去的人都必品尝煮干丝。说起此菜的来历，它与清乾隆皇帝下江南有关。乾隆曾多次下江南到扬州，那时扬州的地方官员便聘请许多名厨师为乾隆制菜。其中有一个菜名叫"九丝汤"，原料是取用豆腐干丝、口蘑丝、银鱼丝、玉笋丝、紫菜丝、蛋皮丝、生鸡丝、海参、鱼翅、火腿丝，加鸡汤、肉骨头汤煮，其味鲜美，特别是干丝切得细，美味尽入干丝。于是扬州煮干丝就名扬天下。后来只因原料难弄，因陋就简，就多用豆腐干丝、鸡丝与火腿丝来做原料，改名为"鸡火煮干丝"了。

菜肴实例： 水煮牛肉（如图2-12-2所示）

主料： 净牛柳肉200克

辅料： 蒜苗100克、莴笋尖100克、芹菜100克

调料： 川盐4克，酱油10克，郫县豆瓣100克，干辣椒面10克，花椒面3克，绍酒5克，味精2克，姜、蒜末各5克，肉汤500克，湿淀粉50克，混合油150克

工艺流程： 原料改刀——肉片码味上浆——炝锅添汤调味——下入肉片煮熟——撒辣椒、花椒面淋热油

图 2-12-2　水煮牛肉

制作过程：

1. 将牛肉横筋切成长 4 厘米，宽 2.5 厘米的薄片，加绍酒、盐 1 克、湿淀粉上浆码味。蒜苗、芹菜切成段，莴笋尖切成片。

2. 炒锅置火上，放油 50 克烧至四成热，放入郫县豆瓣炒香，加姜、蒜末炒香后，下蒜苗、芹菜段，莴笋片炒至断生装盘，加汤（要适量，过多则味淡；过少豆粉易掉，汤汁黏稠）稍煮，捞去豆瓣渣，加酱油、味精、料酒、胡椒面、盐、姜片、蒜片，烧透入味，将蒜苗、芹菜段，莴笋片捞入深盘或荷叶碗内。汤沸打去粗渣，将肉片抖散下锅，用筷子轻轻拨散，待牛肉伸展熟透，汤汁浓稠后，起锅舀在菜上，把辣椒面、花椒面撒在上面，再淋热油即可。

技术关键：

1. 肉片要厚薄均匀，码芡不宜厚，肉片要用手分散下锅，切不可一次倒入，以免成坨不散，张片不伸。

2. 肉片不宜久煮，汤不宜多，以汤成浓浆状为度。

质量标准： 麻辣味厚，牛肉滑嫩，香味浓烈。

趣味知识

相传北宋时期，在四川盐都自贡一带，人们在盐井上安装辘轳，以牛为动力提取卤水。一头壮牛服役时间多者半年，少者三月，就已精疲力竭。故当地时有役牛淘汰，而当地用盐又极为方便，于是盐工们将牛宰杀，取肉切片，放在盐水中加花椒、辣椒煮食，其肉嫩味鲜，因此得以广泛流传，成为民间一道传统名菜。此菜后经自贡名厨范吉安改制。范吉安在烹饪实践中善于总结经验，坚持改进创新。在 20 世纪 30 年代，将原来用水煮熟牛肉片，用盐、酱油、辣椒和花椒等佐料，调成蘸水，放在碟内蘸来吃。改进为水煮牛肉，其原辅料和制作工艺是：以牛肉片为主料，菜薹或莴笋、红白萝卜为辅料；将精盐、酱油、辣椒、花椒和淀粉等佐料与牛肉片拌匀，下锅与菜薹或莴笋片同煮，并加肉汤和葱，掌握好火候，待牛肉煮至伸展发亮时起锅，淋上麻辣熟油即成。是佐酒伴饭的上等佳肴，成为带有浓厚地方风味的四川名菜。水煮牛肉于 1981 年被选入《中国菜谱》。

任务十三　炖

炖是将原料经过生熟加工后，加多量汤水，大火烧开，用小火长时间加热，或者直接长时间蒸制，使原料酥烂的烹调方法。

炖的方法有两种：

直接炖，它要求将原料先用沸水烫去腥污，再放入锅内（砂锅、铝锅、不锈钢锅、铁锅）内，加入调味品和汤水，然后直接放在火上加热。炖制时，先用旺火烧沸，再改用微火炖至酥烂为止。

隔水炖，隔水炖技法要求较严格，选料必须以肌体组织较老、能耐长时间加热的鲜料为主，以大块整料为宜；原料放入容器前，要经过初步热处理，如在开水锅中焯一下，去掉血水和腥臊气味；容器必须用瓷制品或陶制品，原料放入容器后，要把口盖严，防止原料的香味散失；置于滚沸水锅中，水面必须低于容器；在加热过程中，水面始终保持沸腾状态，或将炖盅直接蒸制，使水和汽的热量不断通过容器传人原料，溢出鲜味；原料加入容器中，只加清除异味的葱、姜、料酒等，不加调味料。

炖制菜肴的调味，最好在菜肴炖好后再放精盐，因为盐有渗透作用，过早放会渗透到原料中去，使原料自身的水分排出，蛋白质凝固，而且会使汤随着水分的不断蒸发而变咸。炖菜的特点是，酥烂形整，滋味醇厚。

菜肴实例：清炖蟹粉狮子头（如图 2-13-1 所示）

主料：净猪肋条肉 800 克

辅料：蟹肉 125 克、虾子 1 克、蟹黄 50 克、青菜心 1250 克

调料：绍酒 100 克、葱姜水 300 克、熟猪油 50 克、猪肉汤 300 克、精盐 15 克、干淀粉 25 克

工艺流程：原料改刀——肉末加调料搅拌上劲——砂锅加汤调味烧开——肉末制成肉丸放入锅内——微火炖制

图 2-13-1　清炖蟹粉狮子头

制作过程：

1. 将猪肉细切粗斩成石榴米状，放入钵内，加葱姜水、蟹肉、虾子 0.5 克、精盐 7.5 克、绍酒、于淀粉搅拌上劲。选用 6 厘米左右的青菜心洗净，菜头用刀剖成十字刀纹，切去菜叶尖。

2. 将锅置旺火上烧热，舀入熟猪油 40 克，放入青菜心煸至翠绿色，加虾子 0.5 克、精盐 7.5 克，猪肉汤，烧沸离火。取砂锅一只，用熟猪油 10 克擦抹锅底，再将菜心排入，倒入肉汤，置中火上烧沸。

3. 将拌好的肉分成几份，逐份放在手掌中，用双手来回翻动四五下，捆成光滑的肉圆，逐个排放在菜心上，再将蟹黄分嵌在每只肉圆上，上盖青菜叶，盖上锅盖，烧沸后移微火焖约 2 小时。上桌时揭去青菜叶。

技术关键：

1. 此菜要求选料精严，制肉馅的肉要选用猪肋条肉。而肥瘦之比也要恰当，以肥七瘦三者为佳，这样，做出的狮子头才嫩。

2. 在刀工上要细切粗斩，分别将肥肉、瘦肉切成细丝，然后再各切成细丁，继而分别粗斩成石榴米状，再混合起来粗略地斩一斩，使肥、瘦肉丁均匀地黏合在一起。

3. 将捆后的肉馅加入各种调料，在钵中搅拌，直至"上劲"为止。

4. 捆肉圆也有巧妙之处，将一份调拌好的肉馅放在手心，手指并拢，手心呈窝形，让肉馅在两只手上捆来捆去，在捆的过程中自然变圆，变光滑。捆时要用巧劲，方能使狮子头做得又圆又光滑。

5. 要重视火功，在烹制肉圆时要区别情况，恰当用火。将"狮子头"放入砂锅的沸汤之中烧煮片刻，待汤再次沸腾后，再改用微火焖约两小时。这样，烹制出的"狮子头"就有肥而不腻，入口即化之妙了。

质量标准：肥嫩异常，蟹粉鲜香，青菜酥烂。

趣味知识

　　清炖蟹粉狮子头是脍炙人口的扬州名菜之一。相传已有近千年历史。所谓"狮子头"，用扬州话说即是大肉。如果用北京方话说，即是大肉丸子。因为大肉烹制成熟后，表面一层的肥肉末已大体溶化或半溶化，而瘦肉末则相对显得凸起，恍惚给人以毛毛糙糙之感。于是，富有幽默感的人便称之为"狮子头"了。据《资治通鉴》记载，在一千多年前，相传，隋炀帝杨广，一次，带着嫔妃、大臣，乘着龙舟和千艘船只，沿大运河南下来到扬州观看琼花，同时饱览了扬州的万松山、金钱墩、葵花岗三大名景，非常高兴。回到行宫，唤来御厨，让他们以扬州四景为题，做出四道菜来，以纪念这次扬州之游。御厨们在扬州名厨地指导下，费尽心思，终于做出了松鼠鳜鱼，金钱虾饼，象牙鸡条，葵花斩肉四道名菜。隋炀帝品尝后，龙颜大悦，特别对其中的葵花斩肉，非常赞赏，于是赐宴群臣，一时间淮扬佳肴，倾倒朝野。传至唐代，有一天，郇国公韦陟宴客，府中的名厨韦巨源也做了扬州的这四道名菜，并伴以山珍海味，水陆奇珍，令座中宾客无不叹为观止。用那巨大的肉圆子做成的"葵花斩肉"更是精美绝伦。因烹制成熟后地肉丸子表面的肥肉末已大多溶化或半溶化，而瘦肉末则相对显得凸起，乍一看，给你一种毛毛糙糙的感觉，有如雄狮之头。宾客们乘机劝酒道："郇国公半身戎马，战功彪炳，应佩狮子帅印。"韦陟高兴地举杯一饮而尽，说："为纪念今日盛会，'葵花斩肉'不如改为'狮子头'"。从此，扬州狮子头一名，便流传至今。清嘉庆年间人林兰痴《邗江三百吟》中记载："肉以细切粗斩为丸，用荤素油煎成葵黄色。俗云葵花肉丸。"并赞曰："宾厨缕切已频频，因此葵花放手新。饱腹也应思向日，纷纷肉食尔何人。"此菜狮子头肥嫩异常，蟹粉鲜香，青菜酥烂清口，须用调羹舀食，食后清香满口，齿颊留香，令人久久不能忘怀，此乃"扬州三头"之一。

菜肴实例：小鸡炖元蘑（如图 2-13-2 所示）

主料：仔鸡一只

辅料：元蘑 150 克

调料：精盐 5 克、绍酒 20 克、味精 2 克、肉汤 750 克、葱一根、姜一块、花椒水 5 克、大料 1 个、红椒少许

工艺流程：净鸡改刀——元蘑择洗干净撕成小块——炝锅放汤——放入原料调料炖烂

制作过程：

1. 把鸡褪毛去内脏，收拾干净后，剁成 4 厘米见方的块，用开水烫一下，捞出控净水分。

图 2-13-2 小鸡炖元蘑

2. 元蘑用温水泡软，摘去老根和杂质，洗净撕成小长方块。

3. 锅内放油，烧热后，用葱姜块炸锅，然后添肉汤，再放入鸡块、元蘑和调料，烧开后移到小火上，炖烂时放味精，取出葱、姜、大料即可。

技术关键：

1. 鸡选用当年的仔鸡，易烂。

2. 此菜要求原汁原味，一次加足汤。

质量标准：鸡肉鲜香，蘑菇软糯，咸香适口。

任务十四　焖

焖是将经过初步熟处理后的原料放锅中，加适量的调味品和汤汁，盖紧锅盖，用小火长时间加热成熟的一种烹调方法。

用焖的方法制作菜肴，原料多用韧性较强、质地细腻的动物性原料，如鸡、猪肉、鱼等。韧性强的原料往往比鲜嫩原料含有更多的风味物质，经焖析出于汤汁中，原料的本味浓厚。植物性原料去焖法，都是耐长时间焖烧的，如笋等。焖菜要尽量使原料所含的味发挥出来，保持原汁主味。原料在焖制前的初步熟处理，应根据原料的性质和烹调要求决定，一般都经过走红或走油初步熟处理，焖制后皮面才能红润或黄亮。焖制时要一次加足汤水，盖严锅盖，尽量减少开盖次数，保持其香醇味浓。焖制时所用的调味品不同，分为红焖、黄焖两种。

红焖一般是将原料加工成形、先用热油炸，或用温开水煮一下，使外皮紧缩变色，体内一部分水排出，外膘蛋白质凝固。然后装入陶器罐中，加适量汤，水和调料，加盖盖严，先用旺火烧开，随即移到微火，焖至酥烂入味为止。

黄焖，把加工成形的原料，经油炸或煸成黄色，排出水分，放入器皿中，加调料和适量汤汁，直至酥烂入味后捞出，盛入盘内，去掉葱、姜、大料，原汤加湿团粉调汁，浇在上面即成。

焖的特点：菜肴形态完整，不碎不烂，汁浓味厚，酥烂鲜醇。

菜肴实例： 东坡肉（如图 2-14-1 所示）
主料： 猪五花肋肉 1500 克
调料： 葱 100 克、白糖 100 克、绍酒 500 克、姜块（拍松）50 克、酱油 150 克
工艺流程： 原料焯水——原料改刀——原料加调料焖制——原料上屉蒸酥

图 2-14-1 东坡肉

制作过程：

1. 将猪五花肋肉刮洗干净，放在沸水锅内煮 5 分钟取出洗净，切成 5 厘米正方形的肉块。

2. 取大砂锅一只，用竹箅子垫底，先铺上葱，放入姜块，再将猪肉皮面朝下整齐地排在上面，加入白糖、酱油、绍酒，最后加入葱结，盖上锅盖，用桃化纸围封砂锅边缝，置旺火上，烧开后加盖密封，用微火焖酥后，将近砂锅端离火口，撇去油，将肉皮面朝上装入特制的小陶罐中，加盖置于蒸笼内，用旺火蒸 30 分钟至肉酥透即成。

技术关键：

1. 原料必须选用皮薄、肥瘦相间的新鲜猪肋条肉（以金华"两头乌"猪为最佳），经氽煮定型，再用直刀切成大小均匀的方块（块的大小也可根据各人的爱好改刀）。

2. 以酒代水（也可加少许水），调料必须一次加足，以突出醇香的地方风味。

3. 焖蒸结合掌握好火候，用旺火煮沸，小火焖酥，再用旺火蒸至酥透，才能达到肉酥烂而形不变，油润不腻入口香糯的要求。

质量标准： 薄皮嫩肉，色泽红亮，味醇汁浓，酥烂而形不碎，香糯而不腻口。

趣味知识

苏东坡，作文名列唐宋八大家；作词与辛弃疾并为双绝；书法与绘画也都独步一时。就是在烹调艺术上，他也有一手。当他触犯皇帝被贬到黄州时，常常亲自烧菜与友人品味，苏东坡的烹调，以红烧肉最为拿手。他曾作诗介绍他的烹调经验是："慢著火，少著水，火候足时它自美。"不过，烧制出被人们用他的名字命名的"东坡肉"，据传那还是他第二次回杭州做地方官时发生的一件趣事。那时西湖已被葑草湮没了大半。他上任后，发动数万民工除葑田，疏湖港，把挖起来的泥堆筑了长堤，并建桥以畅通湖水，使西湖秀容重现，又可蓄水灌田。这条堆筑的长堤，改善了环境，既为群众带来水利之益，又增添了西湖景色。后来形成了被列为西湖十景之首的"苏堤春晓"。当时，老百姓赞颂苏东坡为地方办了这件好事，听说他喜欢吃红烧肉，到了春节，都不约而同地给他送猪肉，来表示自己的心意。苏东坡收到那么多的猪肉，觉得应该同数万疏浚西湖的民工共享才对，就叫家人把肉切成方块，用他的烹调方法烧制，连酒一起，按照民工花名册分送到每家每户。他的家人在烧制时，把"连酒一起送"领会成"连酒一起烧"结果烧制出来的红烧肉，更加香酥味美，食者盛赞苏东坡送来的肉烧法别致，可口好吃。众口赞扬，趣闻传开，当时向苏东坡求师就教的人中，除了来学书法的、学写文章的外，也有人来学烧"东坡肉"。后农历除夕夜，民间家家户户都制作东坡肉。相沿成俗，用来表示对他的怀念之情。楼外楼菜馆效法他的方法烹制这个菜，供应于世，并在实践中不断改进，流传至今。

菜肴实例： 黄焖全鸡（如图 2-14-2 所示）

主料： 雏鸡 750 克

调料： 酱油 50 克、姜 15 克、盐 3 克、八角 5 克、黄酒 10 克、花椒 5 克、黄酱 20 克、花生油 1000 克、淀粉（蚕豆）30 克、清汤 150 克、小葱 10 克

工艺流程： 净雏鸡整鸡脱骨——热油炸制金黄色——炸过的鸡加调料焖蒸——原汤勾芡浇在鸡身上

制作过程：

1. 将雏鸡宰好，剁掉嘴尖，爪尖，再整鸡脱骨、洗净，放在盘内，酱油 20 克、黄酱 10 克调匀抹在鸡身上浸养。

2. 炒锅置中火上，加入花生油，烧至七成热时，将鸡皮朝下放入锅中，炸至鸡皮呈金黄色捞出控油。

图 2-14-2 黄焖全鸡

3. 炒锅内留油，放入葱段、姜片、八角，葱姜呈黄色时，加入黄酱、酱油、清汤 150 毫升、精盐，再把鸡倒入，烧制。待烧开后，锅移至小火上，加盖焖炖 10 分钟将鸡翻个，至炖熟时出锅控汤，肉皮面朝下放入大碗内，倒入炖鸡的原汤。再入笼用旺火蒸 20 分钟，熟透时出笼，原汤滗出，再把鸡扣入大碗内。

4. 原汁倒在炒锅内，中火烧开后，用湿淀粉勾薄芡，热花椒油，浇在鸡上即成。

技术关键：

1. 必须选用当年鸡制作此菜。

2. 加工精细，整鸡脱骨，保持原型。

3. 工于火候，须用微火焖，方能达到透疏肉烂，煮到肉离。

质量标准： 色呈黄润，鸡肉软烂，原汁原味，鲜咸适口，味浓厚而醇香。

任务十五　煨

煨是将经过炸、煎、煸、炒或水煮的原料放入陶制器皿，加调味品和汤汁，用旺火烧开，小火长时间加热的烹调方法。

煨的菜肴应多选用老、韧、硬且富含蛋白质、风味物质的原料，因胶质能使汤汁浓稠，故此含明胶蛋白质的原料更适合煨。许多原料都先经表层处理或初步熟处理。作表层处理时，火力可大些，加热时间不可太久。原料脂肪不高，可留一些余油作为调味品，使油脂溶于汤中，增加其肥浓度。正确掌握小火加热的时间。原料入锅应先用旺火烧开，随后盖严盖子，把火调至小火或微火，保持容器内汤汁似滚非滚状，慢慢加热。加热时注意不使汤汁溢出，并且掌握好时间，防止原料过于酥烂。煨菜一定要强调原料配原汤，切不可在原料中添加其他汤汁，以免破坏原汁原味。

制品特点是汤汁浓稠，汤菜各半，口味醇厚，鲜香不腻。

菜肴实例： 佛跳墙（如图 2-15-1 所示）

主料： 水发鱼翅 500 克、净鸭肫 6 个、水发刺参 250 克、鸽蛋 12 个、净肥母鸡 1 只、水发花冬菇 200 克、水发猪蹄筋 250 克、大个猪肚 1 个、羊肘 500 克、净火腿腱肉 150 克、涨发干贝 125 克、水发鱼唇 250 克、鲂肚 125 克、金钱鲍 1000 克、猪蹄尖 1000 克、净鸭 1 只

辅料： 猪肥膘肉 95 克、净冬笋 500 克

调料： 姜片 75 克、葱段 95 克、桂皮 10 克、绍酒 2500 克、味精 10 克、冰糖 75 克、上等酱油 75 克、猪骨汤 1000 克、熟猪油 1000 克

工艺流程： 将各种主料进行初步熟处理——将原料、辅料、调料放入坛子内封口煨制

图 2-15-1　佛跳墙

制作过程：

1. 将水发鱼翅去沙，剔整排在竹箅上，放进沸水锅中加葱段 30 克、姜片 15 克、绍酒 100 克煮 10 分钟，将其腥味取出，拣去葱、姜，汁不用，将箅拿出放进碗里，鱼翅上摆放猪肥膘肉，加绍酒 50 克，上笼屉用旺火蒸 2 小时取出，拣去肥膘肉，滗去蒸汁。

2. 鱼唇切成长 2 厘米、宽 4.5 厘米的块，放进沸水锅中，加葱段 30 克、绍酒 100 克、姜片 15 克煮 10 分钟去腥捞出，拣去葱、姜。

3. 金钱鲍放进笼屉，用旺火蒸烂取出，洗净后每个片成两片，剞上十字花刀，盛入小盆，加骨汤 250 克、绍酒 15 克，放进笼屉旺火蒸 30 分钟取出，滗去蒸汁。鸽蛋煮熟，去壳。

4. 鸡、鸭分别剁去头、颈、脚。猪蹄尖剔壳，拔净毛，洗净。羊肘刮洗干净。以上四料各切 12 块，与净鸭肫一并下沸水锅氽一下，去掉血水捞起。猪肚里外翻洗干净，用沸水氽两次，去掉浊味后，切成 12 块，下锅中，加汤 250 克烧沸，加绍酒 85 克氽一下捞

起，汤不用。

5. 将水发刺参洗净，每只切为两片。水发猪蹄筋洗净，切成 6 厘米长的段。净火腿腱肉加清水 150 克，上笼屉用旺火蒸 30 分钟取出，滗去蒸汁，切成厚约 1 厘米的片。冬笋放沸水锅中余熟捞出，每条直切成四块，用力轻轻拍扁。锅置旺火上，熟猪油放锅中烧至七成热时，将鸽蛋、冬笋块下锅炸约 2 分钟捞起。随后，将鱼高鱼肚下锅，炸至手可折断时，倒进漏勺沥去油，然后放入清水中浸透取出，切成长 4.5 厘米、宽 2.5 厘米的块。

6. 锅中留余油 50 克，用旺火烧至七成热时，将葱段 35 克、姜片 45 克下锅炒出香味后，放入鸡、鸭、羊肘、猪蹄尖、鸭肫、猪肚块炒几下，加入酱油 75 克、味精 10 克、冰糖 75 克、绍酒 2150 克、骨汤 500 克、桂皮，加盖煮 20 分钟后，拣去葱、姜、桂皮，起锅捞出各料盛于盆，汤汁待用。

7. 取一个绍兴酒坛洗净，加入清水 500 克，放在微火上烧热，倒净坛中水，坛底放一个小竹算，先将煮过的鸡、鸭、羊、肘、猪蹄尖、鸭肫、猪肚块及花冬菇、冬笋块放入，再把鱼翅、火腿片、干贝、鲍鱼片用纱布包成长方形，摆在鸡、鸭等料上，然后倒入煮鸡、鸭等料的汤汁，用荷叶在坛口上封盖着，并倒扣压上一只小碗。装好后，将酒坛置于木炭炉上，用小火煨 2 小时后启盖，速将刺参、蹄筋、鱼唇、鱼肚放入坛内，即刻封好坛口，再煨 1 小时取出，上菜时，将坛口打开原料倒在大盆内，纱布包打开，鸽蛋放在最上面。同时，跟上襄衣萝卜一碟、火腿拌豆芽一碟、冬菇炒豆苗一碟、油辣芥一碟以及银丝卷、芝麻烧饼佐食。

技术关键：

1. 泡发干贝：将干贝洗净，装入碗内，加少许高汤和葱、姜，放入笼屉蒸烂即可。

2. 花冬菇：即可末春初所产的香菇，面有菊花纹。

3. 鱼肚要用油泡发，泡刺参时，刺参不能沾油。

4. 最后各种原料放入坛内，一定要上小火煨制，不可急躁，否则达不到效果。

质量标准：软糯脆嫩，汤浓鲜美，味中有味，回味无穷，营养丰富。

趣味知识

　　"佛跳墙"是福州一道集山珍海味之大全的传统名菜，誉满中外，被各地烹饪界列为福建菜谱的"首席菜"，至今已有百余年的历史。据传清朝同治末年（1876 年），福州官钱庄一位官员设家宴请福建布政司周莲，他的绍兴籍夫人亲自下厨做了一道菜，名叫"福寿全"，内有鸡、鸭、肉和几种海产，一并放在盛绍兴酒的酒坛内煨制而成。周莲吃后赞不绝口，遂命衙厨郑春发仿制，郑春发登门求教，并在用料上加以改革，多用海鲜，少用肉类，使菜越发荤香可口。1877 年，郑春发开设了"聚春园"菜馆后，继续研究，充实此菜的原料，制出的菜肴香味浓郁，广受赞誉。一天，几名秀才来馆饮酒品菜，堂官捧一坛菜肴到秀才桌前，坛盖揭开，满堂荤香的菜肴，秀才闻香陶醉。有人忙问此菜何名，答：尚未起名。于是秀才即席吟诗作赋，其中有诗句云："坛启荤香飘四邻，佛闻弃禅跳墙来。"众人应声叫绝。从此，引用诗句之意："佛跳墙"便成了此菜的正名。

菜肴实例：红枣煨肘子（如图 2-15-2 所示）

主料：猪肘子 750 克

辅料：红枣 50 克

调料：冰糖 25 克、姜 10 克、葱 15 克、盐 3 克、鲜汤 750 克

工艺流程：原料刮洗焯水——放入坛子内加调料煨制——熟软时加入红枣——稠浓汁水

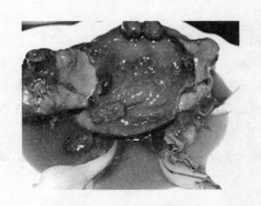

图 2-15-2　红枣煨肘子

制作过程：

1. 猪肘子刮洗干净，入沸水锅内煮去血腥味，捞出冲洗干净；红枣去核洗净；姜、葱拍一下即可；冰糖砸碎，一部分炒成糖汁。

2. 坛子内放入鲜汤，放入肘子、葱、姜、盐、糖汁，旺火烧开，撇净浮沫，移小火煨至肘子熟软，再下入红枣、冰糖继续煨至肘子软糯汁浓，起锅装入盘内，原汁淋在肘子上。

技术关键：

冰糖、红枣在肘子煨至熟软时加入，小火慢慢煨，以保持肘子原型。

质量标准：色红亮，肘子软糯，甜咸适口。

任务十六 蒸

蒸是将刀工处理后的原料经腌渍后，入沸水笼屉加盖密封，用蒸汽加热成熟的烹调方法。蒸按火力的大小分为旺火沸水蒸和中、小火沸水蒸两样；根据蒸时加辅料与否，又有清蒸和粉蒸等之别。

技法介绍：

蒸法的烹调条件较好，蒸笼内的高温和一定的气压使原料较易成熟；蒸笼内湿度大，菜肴本身的汁浆和鲜味物质不会像水媒那样溶于水中，菜肴的汤汁也不会像油媒那样被大量挥发，这些都是形成蒸菜质嫩滑润、原汁原味的重要因素，特别是蒸笼内的温度处于稳定状况，不像油媒那样迅速地变化，只要掌握好蒸制时间，一般不会发生什么技术故障。尽管如此，蒸法的实际操作并不简单。它要考虑原料性质、体积、菜肴质感、加工处理、调味方法、火力大小与气量多少等多种因素。

菜肴实例： 山东蒸丸（如图 2-16-1 所示）

主料： 猪肥瘦肉 150 克

辅料： 鹿角菜 15 克、鸡蛋 1/2 个、大白菜心 70 克、海米 5 克、香菜适量

调料： 味精 1 克、精盐 5 克、醋 10 克、花椒面 3 克、鸡汤 200 克、芝麻油少许、葱 10 克、姜 5 克、胡椒粉 10 克

工艺流程： 原料选择——刀工处理——调味——成型——上屉蒸制——汤汁调味——成菜装盘

图 2-16-1 山东蒸丸

制作过程：

1. 将猪瘦肉用刀背砸成泥，加鸡蛋搅匀。肥肉切成小丁。海米，鹿角菜切碎。葱、

姜、香菜切末，白菜切成小丁（沸水锅焯水），均匀放在瘦肉泥内；加精盐，花椒面，味精搅拌均匀。做成直径3厘米的丸子摆在汤盘内，上屉蒸熟取出，滗出汤。

2. 锅内添鸡汤和滗出的汤烧开，加精盐、味精、醋、葱、姜和香菜末，倒入丸子碗内，淋上芝麻油，撒上花椒粉即成。

技术关键：

1. 调配料一定要全。

2. 蒸时掌握好时间，不能过火。

质量标准： 汤味鲜美、酸辣；丸子软酥，肥而不腻。

趣味知识

相传以前在山东招远县城里，有一姓招的人颇懂得鉴定牲口，只要他看一看牲口的外表、四蹄，并摸一摸就知道牲口的好坏，久而久之，人们买牲口都邀请他去看，并且请他到饭馆里吃饭。就餐时，招某每次要吃用猪肥瘦肉、鹿角菜、海米等制作而成的丸子。人们一吃果然味道特殊，酸辣咸香，鲜嫩不腻，非常爽口。此后便传开来，后人就把这种丸子起名为"招远丸子"，延续至今，又发展为"山东蒸丸"，在山东各地餐桌上已广为流传。

菜肴实例： 清蒸鸡（如图2-16-2所示）

主料： 净小鸡1只（750克左右）

辅料： 油菜叶20克

调料： 葱段15克、姜块5克、精盐5克、绍酒10克、味精1克、鸡汤500克

工艺流程： 原料选择——刀工处理——盛装——添汤调味——蒸制——成菜装盘

图2-16-2 清蒸鸡

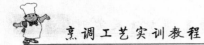

制作过程：

1. 把鸡剁去爪、头用水洗净，放入清水锅中煮至半熟捞出。

2. 从鸡脊背处用刀劈开，掰开胸骨。腹朝下，放入大碗中，添上鸡汤，加精盐、绍酒、葱，姜块上屉蒸烂取出，滗出汤汁。取出葱段、姜块。

3. 鸡放熟墩上，基本使用拍刀法，将鸡拍散、拍松，扣在汤碗中。

4. 将鸡汤和滗出的汤倒入锅中，加入味精，精盐烧开，撇净浮沫；放入油菜叶，浇在鸡肉上即成。

技术关键：

1. 要选用鲜活无异味的原料，最好在蒸制前进行焯水处理。

2. 鸡要完整；表皮完整。

质量标准：肉质酥烂脱骨，表皮完整；原汁原味、汤清，清淡鲜美。

菜肴实例：清蒸鱼（如图 2-16-3 所示）

主料：净白鱼（或其他鱼）600 克左右

辅料：猪肥膘肉 20 克、胡萝卜 10 克、油菜 10 克、水发木耳 10 克

调料：精盐 5 克、味精 1 克、料酒 3 克、葱段 5 克、姜块 2 克、鸡清汤 50 克、猪油 3 克

工艺流程：原料选择——刀工处理——码好形状——上屉蒸制——汤汁勾芡——淋汁成菜装盘

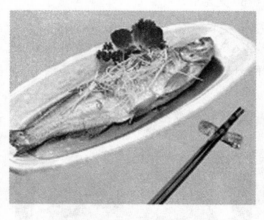

图 2-16-3 清蒸鱼

制作过程：

1. 将白鱼洗净，用开水稍烫，放凉水中投凉。刮净鱼皮，两面剞上斜刀口，摆在盘内。

2. 把猪肥膘肉切成 3 厘米长的木梳花刀片，胡萝卜、油菜切成薄片，木耳片成朵片，分别摆在鱼身上呈红、白、绿、黑。撒上精盐、味精、料酒，放上葱、姜块。添上鸡汤、猪油。上屉清蒸 20 分钟，熟后取出，捡去葱、姜块。把原汤滗在锅内。将鱼托入大盘中。汤汁烧开，调好口味，浇在鱼上即成。

技术关键：

1. 鱼两面剞刀，刀口整齐，深度一致。

2. 刮鱼皮时不可用力过度，保证鱼皮完整，不破损。

质量标准：鱼肉软嫩，清汤洁白。

鱼的右侧朝上，配料在鱼身上整齐不乱、味鲜咸美。

菜肴实例：酿苦瓜墩（如图 2-16-4 所示）

主料：苦瓜 200 克

辅料：猪肉馅 50 克、胡萝卜粒 20 克、冬菇粒 20 克、五香豆腐干粒 10 克

调料：精盐 5 克、白糖 2 克、胡椒粉 1 克、味精 1 克、葱和姜各 5 克、麻油少许

工艺流程：原料选择——刀工、焯水处理——馅心调制——酿馅——上屉蒸制——勾芡淋汁——成菜装盘

图 2-16-4 酿苦瓜墩

制作过程：

1. 苦瓜切成 3 厘米长的段，去瓤；沸水锅焯水，捞出，透凉，沥水待用，葱、姜切末。

2. 锅内放少量底油，热时下入猪肉馅炒至断生，放入葱、姜末爆香，加入胡萝卜粒，冬菇粒，五香豆腐干粒拌炒；调入精盐、白糖、味精，翻炒均匀；酿入苦瓜墩中，摆入蒸盘内，加少量的水，大火蒸 5 分钟，取出，滗出汤汁。

3. 把滗出的汤汁放入锅内，烧开后，用湿淀粉勾芡，撒上胡椒粉；淋上麻油，浇在蒸好的苦瓜墩上即可。

技术关键：

1. 馅料炒均匀，多料成熟度要一致。

2. 汁芡浇淋均匀，注意锅边卫生。

质量标准： 色彩淡雅，咸鲜、味苦、微麻辣。

菜肴实例： 梅菜扣香肉（如图 2-16-5 所示）

主料： 猪五花肉 300 克

辅料： 梅菜 50 克

调料： 酱油 4 克、精盐 2 克、糖色 5 克、鲜汤 10 克、大料 2 克、味精 1 克、葱姜各 10 克

工艺流程： 原料选择——刀工处理——汤汁、原料下锅——烩制——勾芡——成菜装盘

图 2-16-5　梅菜扣香肉

制作过程：

1. 将五花肉肉皮刮洗干净，煮至断生捞出，在皮表面抹上糖色；梅菜炒干（干菜水发后炒干）；葱切段，姜拍松、切块。

2. 锅内放少量的油烧沸，把肉块皮朝下放入锅中炸至金黄色捞出，控净油。将炸好的肉块切成 14 厘米长，1 厘米宽的长片，皮朝下整齐地码在汤盘内，梅菜扣在肉上；加入酱油、精盐、葱、姜、花椒、大料、鲜汤，上屉蒸 1 小时左右取出，拣去葱、姜、花椒、大料，将肉扣在另一盘内。

3. 将汤倒入锅内，调入味精，用湿淀粉勾芡，浇在盘内的肉上即可。

技术关键:

1. 刀工一致,整齐,完整。

2. 把握好火候,蒸制时间。

质量标准: 色泽红润,咸香,具有独特的梅菜香味。

菜肴实例: 小笼粉蒸牛肉(如图2-16-6所示)

主料: 嫩牛肉500克

辅料: 米粉75克

调料: 酱油50克、豆瓣辣酱20克、醪糟汁100克、辣椒粉10克、白糖5克、花椒粉25克、葱姜末各25克、蒜末10克、香菜段50克、植物油25克

工艺流程: 原料选择——切配——腌渍——拌生粉——蒸制——成菜装盘

图2-16-6 小笼粉蒸牛肉

制作过程:

1. 将牛肉洗净,切成长5厘米、宽3厘米、厚0.3厘米的薄片,放入容器内,加入豆瓣酱、酱油、白糖、醪糟汁、植物油、姜末、米粉搅拌均匀。分成10份,分别装入小笼屉。

2. 蒸锅上火,用旺火烧沸,将小笼叠起,加盖上锅速蒸,火要旺,气要足。细嫩牛肉蒸30分钟左右,一般牛肉蒸60分钟左右。

3. 将蒸好的牛肉小笼取下,并根据个人不同口味加辣椒粉、花椒面、葱花、香菜段等。

技术关键:

1. 刀工一致、整齐完整,米粉要粘得薄厚均匀,不要露肉。

2. 把握好火候,蒸制时间。

质量标准: 风味醇厚,口味俱佳,爽口不腻,具有独特的糍糯润感。

任务十七　扒

扒是将经过熟处理的原料，再经过刀工处理按不同的要求排列，整齐地推入锅中，加入汤和调味品，烧开后转用小火烹制成熟人味，最后用旺或中火勾芡稠汁，淋明油大翻勺，将拼有图案的一面朝上，整齐出菜的一种烹调方法。

技法介绍：

扒是富有技巧的一种做法，这种技法，在京、鲁菜系中，极有影响。由于菜形美、选料精（主要用高级细料，如海参、鱼翅、熊掌、鲍鱼、菜心等），制成菜肴，多为筵席上的上乘名馔，在国内外享有很高的声誉。

原料加工，要有精湛的刀功技巧。扒菜的美观形态，很多是由普通的块、片、丝、条等组成，但要求极其严格，即加工后的刀口，大小相同、长短一致、厚薄均匀、粗细相等、整齐划一、清爽利落，绝对不能出现连刀、毛边、残缺等现象，否则，无法排成美观菜形。

装盘配料，要有造型的艺术素养。扒菜以美取胜，很少用单一配料，因而在装盘配料时，就要进行艺术造型，具体手法千变万化，各有千秋。因此，扒菜形态丰富多彩，美不胜收。

推盘落锅，也要有一定的技巧。装盘配料成形后，推入锅内，必须保持原样，否则一散一乱，前功尽弃。厨师在入锅这一环节上，一般是采用"推入法"或"平推入法"，只有这样的入锅法，加上厨师手上的功力，才能使配料的原形保持不变。

烹调勾芡，是保持菜形的关键。入锅烹调过程中，为保持菜形，除火候外（一见汁开，就移至小火，防止汤汁翻滚，冲散菜形），关键在于勾芡。任何扒菜，不但要求形美，而且也要菜汁融合、丰满滑润、光洁明亮，这就必须勾芡，但这种勾芡又极困难，即勾芡后，不能动铲、动手勺搅匀（破坏菜形），只能晃勺勾勺，达到汁明芡亮的目的，这没有一定功力的厨师是很难做好的；特别是因扒菜菜形很多，勾芡方法也随之而异。如有的勾芡要从菜的中间缝隙中下芡，轻轻晃动锅勺，使芡汁从中间徐徐散开，达到勾匀的效果；有的勾芡则要从菜的四边（锅边）淋入，晃动锅勺，使芡汁也缓缓向中间渗透，也求达到勾匀的效果。方法不同，功夫则一，即都要掌握晃勺勾芡的技巧。此外，任何勾芡，在锅内停留时间不能过长，否则，不但损坏菜形，而且芡汁浑浊，不透亮，这也需要下一番功夫学习。

出锅落盘，是扒菜难度最大的一个技巧，也是衡量厨师水平高低的一个标志。具体来说，就是菜肴接近成熟、勾芡均匀后，从锅的四边淋油（油量不宜多），同时用手提锅轻晃，使菜肴发生转动并与锅底边分离（即不粘锅），然后迅速地来个大翻勺，菜肴腾空而起翻转，原样接入锅内，最后找准角度，对准盘子一端（角度是指菜锅与菜盘保持适当的高度和斜度），拖入或倒入，边拖边倒，向另一端轻轻地、很快地移动，准确而完整地落入盘内。

依据品菜肴色泽的不同，又分白扒、红扒两种。由于所使用的调味品不同，又有奶油扒、五香扒、葱油扒、蚝油扒等。其操作原理都是一样的。

扒菜的特点：形状整齐、美观，味道香醇酥烂。

菜肴实例： 白扒鱼肚（如图 2－17－1 所示）

主料： 发好的黄鱼肚

辅料： 油菜心 100 克

调料： 绍酒 2 克、精盐 2 克、味精 2 克、猪油 50 克、湿淀粉 30 克、高汤 100 克、葱段 5 克、姜片 5 克

工艺流程： 原料改刀——炝锅加汤调味——放入鱼肚烧入味——勾芡大翻勺装盘

图 2－17－1　白扒鱼肚

制作过程：

1. 将鱼肚挤净水分，改成 6 厘米长的坡刀大片，整齐地排列成排装入盘内。

2. 油菜洗净，勺内做水烧开，将油菜焯水，焯水时加入少量精盐和色拉油，焯透及时捞出投凉，控干水分码盘。

3. 勺内放油烧热，放入葱、姜炸出香味，加入绍酒、汤、盐、味精烧开调好口味，拣出葱、姜，将鱼肚推入勺内，移到小火烧至入味，用湿淀粉勾芡，淋明油，大翻勺，装入盘内。

技术关键：

1. 制作此菜必备高级清汤，扒制时要慢火使其入味。

2. 勾芡时要在大中火进行，芡汁均匀的淋在鱼肚缝隙里，使其粘连形不易散，淋明油感觉勺润滑时顺势大翻勺。

3. 操作过程中要做到油清、勺净、芡汁洁白。

质量标准：芡汁洁白，口味咸鲜。

菜肴实例：扒羊腰窝肉（如图 2-17-2 所示）

主料：羊腰窝肉

调料：酱油 25 克、盐 2 克、料酒 5 克、味精 1 克、香油 25 克、葱段 5 克、姜片 5 克、八角 2 克、湿淀粉 30 克

工艺流程：羊肉煮熟——羊肉切片排列——炝锅加汤调味——推入肉条扒制——勾芡大翻勺装盘

图 2-17-2　扒羊腰窝肉

制作过程：

1. 将羊腰窝肉切去边缘不整齐的部分，用凉水泡去血水，放在开水锅中煮熟；取出肉晾凉，肉汤留用；将晾凉的羊肉剥掉表面的皮，横着肉纹切成长 10 厘米的宽肉条，光面朝下，整齐排列好摆在盘内。

2. 在炒锅里放香油 10 克，上火烧热，下大料、葱段、姜片，炸出香味后，加入酱油、盐及煮羊肉的汤；烧开后，拣去汤汁中的大料、葱、姜，将肉条推入勺中，中小火将肉条扒至酥烂入味。

3. 将扒入味的肉条上旺火，加入味精，用湿淀粉勾芡后，淋上香油 15 克大翻勺，将肉条整齐的拖入盘内即成。

技术关键：

1. 宜选用肥瘦相间的羊腰窝肉，美味可口；若用净瘦肉，质柴而老，口感不佳。

2. 羊肉煮、扒时火候到位，才能软烂醇香。

3. 勾芡时火要旺，芡汁成熟挂得匀，勺热不粘，淋明油润滑顺势大翻勺，动作一气

呵成才能保持菜品形整。

质量标准： 成菜颜色金黄，汁明芡亮，肉软烂而浓香。

任务十八　烩

烩是将经刀工处理的鲜嫩柔软的小型原料，经过初步熟处理后入锅，加入多量汤水及调味品烧沸，勾芡成菜的烹调技法。（少数不勾芡的称"清烩"，勾厚芡的称"羹"）

技法介绍：

烩法的主要特色是汤宽汁稠，菜汁合一，细嫩滑润，清淡鲜香，色泽也很美观，一般以白烩居多。主料以鸡肉、鱼肉、虾仁、鲍鱼、鱼肚、海参、乌鱼蛋、鸡蛋、冬笋、香菇等鲜料为主料。

菜肴实例： 香菇烩丝瓜（如图 2-18-1 所示）

主料： 丝瓜 200 克

辅料： 水发香菇 100 克

调料： 麻油 5 克、葱姜各 5 克、精盐 5 克、味精 1 克、湿淀粉 20 克

工艺流程： 原料选择——刀工、焯水处理——汤汁下锅——原料下锅——烩制——勾芡——成菜装盘

图 2-18-1　香菇烩丝瓜

制作过程：

1. 将香菇水发后捞出，择洗干净，原汁放一旁沉淀，然后倒在另一个碗内备用，香

111

菇去蒂切片待用。

2. 丝瓜去皮，顺长一劈两半，切成片，用沸水锅稍烫过凉，沥水待用；葱切末，姜去皮切末，用水泡上，取用其汁。

3. 锅内放植物油底油，烧热，烹入姜汁、香菇汤、精盐、鸡精、香菇、丝瓜，煮开后，煨焖5分钟，调入味精，用湿淀粉勾芡，放入麻油，推匀出锅，装盘即成。

技术关键：

注意丝瓜烫，煮时不宜过烂，断生即可。

质量标准： 丝瓜软嫩，香菇味浓郁。

菜肴实例： 烩里脊丝豌豆（如图2-18-2所示）

主料： 猪里脊肉75克

辅料： 豌豆50克

调料： 葱姜各5克、湿淀粉50克、味精2克、鸡油2克、高汤500克、精盐5克、鸡蛋清1/4个

工艺流程： 原料选择——刀工处理——上浆——原料下锅——烩制——勾芡——成菜装盘

图2-18-2 烩里脊丝豌豆

制作过程：

1. 将里脊切成细丝，用蛋清抓匀，再加入湿淀粉上浆抓匀，葱、姜切丝。

2. 锅内注油，烧至四成热时将上好浆的里脊丝放入锅内滑一下，捞出，沥油。豌豆入沸水锅焯水，捞出，透凉，沥水待用。

3. 锅内放底油，烧热放入葱、姜丝，豌豆炝锅，放入高汤，精盐，味精、里脊丝、豌豆；烧开后用湿淀粉勾芡，撇净浮沫，浇上鸡油，出锅即成。

制作关键：

1. 具有一定的刀工基础，里脊丝粗细均匀一致，整齐划一。

2. 锅要净，里脊丝要上浆，划好。

质量标准： 主料突出，汁芡明亮，味鲜清香，色白无浮沫。

菜肴实例： 西湖牛肉羹（如图 2-18-3 所示）

主料： 熟牛肉 100 克

辅料： 莼菜 50 克

调料： 精盐 5 克、味精 2 克、鸡油 2 克、高汤 500 克、鸡蛋清 2 个、胡椒粉 5 克、姜蒜各 5 克、火腿 10 克

工艺流程： 原料选择——刀工处理——汤汁、原料下锅——烩制——勾芡——成菜装盘

图 2-18-3　西湖牛肉羹

制作过程：

1. 油火上锅，煸香蒜末，放入牛肉末、火腿末出香；倒入清水适量，烧热但不要烧开。

2. 放入盐、鸡精、胡椒粉后，调入湿淀粉勾薄芡；将蛋清打散，均匀甩入锅中，出蛋花。

3. 将莼菜放入锅中，片刻即成。

技术关键：

1. 勾芡时，汤不能大开，以免浑浊。

2. 芡汁不能过厚，呈米汤状即可。

质量标准： 色泽艳丽，口味咸鲜，略带胡椒粉的辛辣，汤色乳白、清香。

任务十九 汆

汆是用质地脆嫩，极薄易熟的原料，入沸水锅或沸汤锅内快速加热断生，一滚即起的烹调方法。

技法介绍：

汆是制作菜肴经常使用的一种方法，主要是以水为传热介质，使原料成熟。有些原料可直接下锅中汆熟成菜，有的则需上浆后进行汆制，还有的是将原料制成茸泥与蛋清、水、调味品搅匀后再下锅内汆制成熟。

菜肴实例： 汆丸子（如图 2-19-1 所示）

主料： 净猪肉 100 克

辅料： 鸡蛋清 30 克、油菜 20 克、调料、精盐 5 克、味精 1 克、葱姜末各 5 克、高汤300 克

工艺流程： 原料选择——刀工处理——调制成茸——入锅汆制——加入调料——成菜装碗

图 2-19-1 汆丸子

制作过程：

1. 把猪精肉剁成馅，再用刀背砸成泥；加鸡蛋清、葱、姜末，略兑水，再放少许盐，用筷子向一个方向搅拌均匀，上劲。油菜切成象眼片。

2. 锅内放入高汤，汤开后，改用小火，用手把肉泥挤成丸子，一个一个地放入汤内，等丸子漂起，稍煮 2 分钟，用漏勺捞起，放入汤盆中，汤渐沸时，用手勺撇去浮沫，放入

油菜片、精盐、味精、花椒水，烧开后淋入明油，倒入汤盆中即成。

技术关键：

1. 制馅时要先加其他调料搅拌加水，后加盐并按一个方向搅拌上劲。这样制出的丸子比较细嫩圆滑。

2. 挤丸子时手要沾点水，使制出的丸子表面圆滑。

3. 下丸子时，调好的汤似开非开，这样才能保证丸子不破碎。

质量标准： 丸子个头均匀，汤清，味美咸香。

菜肴实例： 汆白肉（如图 2－19－2 所示）

主料： 猪五花肉 150 克

辅料： 酸菜 200 克

调料： 精盐 4 克、酱油 3 克、味精 5 克、汤 300 克、花椒末 2 克、葱姜各 5 克

工艺流程： 原料选择——初步熟处理——刀工处理——入锅汆制——加入调料——成菜装碗

图 2－19－2 汆白肉

制作过程：

1. 将猪五花肉切成大薄片，酸菜切成细丝，葱姜均切成末。

2. 锅内放底油，加葱、姜末炝锅，放入酱油、花椒末、精盐、汤烧开后，把切好的五花肉下入，至八成熟时再放入酸菜，烧开，撇去浮沫，调入味精，淋上明油，出锅装盆即成。

技术关键：

1. 肉要切成大薄片，各片薄、厚均匀。

2. 汤烧开后再下入肉片，锅要干净。

质量标准： 汤汁咸香不腻，无黑渣。

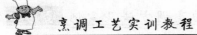

菜肴实例：榨菜肉丝汤（如图 2-19-3 所示）

主料：猪精肉 100 克

辅料：榨菜 150 克

调料：清汤 400 克，精盐 3 克，味精 2 克，熟精炼油数滴

工艺流程：原料选择——刀工处理——入锅汆制——加入调料——成菜装碗

图 2-19-3 榨菜肉丝汤

制作过程：

1. 将榨菜、猪精肉分别洗净，片成大片，均切成细丝，分别装入盆内；肉用清水浸泡出血水；榨菜用清水浸泡，多次换水，去其盐分。

2. 锅内放入清汤旺火烧沸，将肉丝去掉血水。连同榨菜丝投入沸汤中汆熟，捞出放入盆内，汤改用小火，用手勺将浮沫撇净，调入精盐、味精。倒入榨菜肉丝盆内，淋明油数滴即可。

技术关键：

1. 具备一定的刀工基础，所切原料粗、细均匀一致。

2. 制作时锅要净。

质量标准：榨菜脆、肉丝嫩，汤汁清澈见底。

菜肴实例：清汤鱼圆（如图 2-19-4 所示）

主料：白鱼净肉 300 克

辅料：熟火腿丝 10 克、鲜香菇两个、豌豆苗少许

调料：姜汁 3 克、料酒 10 克、精盐 13 克、味精 2 克、熟猪油 25 克、鲜汤适量

工艺流程：原料选择——刀工处理——加水制成鱼胶——入锅汆制——加热成熟——加入调料——成菜装碗

图 2－19－4　清汤鱼圆

制作过程：

1. 将鱼肉用水洗净，用刀刃剁成细茸，放入容器内，加入清水 400 克，用手顺一方向不停搅拌，搅成糊状，把 12 克盐分几次加入，边加边搅，搅拌速度先慢后快，搅制鱼糊黏稠上劲，在加入各种调料和熟猪油搅拌，制成鱼胶。

2. 锅内放凉水，将鱼胶挤成桂圆大小的丸子，放入锅内，用旺火烧开，移到小火氽熟，捞出放入小碗内，加入火腿丝、熟香菇末和豌豆苗。

3. 汤锅放在火上，放入适量鲜汤，烧开，撇沫，调味，倒入盛鱼丸的汤碗内即成。

技术关键：

1. 制糊时要先加水搅拌，后加盐并按一个方向搅拌上劲。这样制出的丸子比较细嫩圆滑。

2. 挤丸子时手要沾点水，使制出的丸子表面圆滑。

3. 氽制过程中要掌握好火力，保持水面微开。

质量标准：丸子洁白均匀，汤清，味鲜醇清爽。

趣味知识

　　清汤鱼圆是江苏省代表菜，鱼圆，古称鱼氽。传说秦始皇极爱食鱼，但因刺多龙颜不悦，以致枉杀厨人。又一厨人被召进宫，为秦始皇做鱼。眼见厄运临头，恨不敢言，逐用刀背急斩案上之鱼，以泄愤慨。未料顷刻间鱼被斩成茸，而骨刺竟全然脱肉分开，此时锅子豹胎汤正沸，无奈将鱼茸一团团丢人汤中，只见一只只洁白鱼圆漂浮汤面，秦始皇尝后鲜美无比，左右上前谢恩，封此菜为"皇统无疆凤珠氽"，御厨逐免遭斧钺之灾。氽菜一般作为汤菜上席，不勾芡。汤汁有清、浓两种。原料宜选用新鲜、质脆嫩、易熟的生料。

任务二十 涮

涮又称烫，是一种特殊的烹调方法，是指食用者将易熟原料加工成薄片状或小型自然形状，放入沸水中烫至断生，随即蘸上调味料佐食的一种技法。

技法介绍：

涮这种技法主要体现原料在沸水中加热时间很短，原料的鲜香味不受损失，成品滋味浓厚。原料质地鲜嫩，热烫鲜美；随涮随吃，别有情趣。

菜肴实例：涮羊肉（如图2-20-1所示）

主料：羊肉750克

辅料：白菜（切块）250克、水发粉丝250克、糖蒜100克、黄瓜（切条）150克、芝麻烧饼适量

调料：芝麻酱100克、绍酒50克、卤虾油50克、腌韭菜花50克、上等酱油50克、辣椒油50克、酱豆腐一块（研碎成汁）、葱花50克、香菜末50克

工艺流程：原料选择——切成薄片——火锅内涮——捞出蘸调味料

图2-20-1 涮羊肉

制作过程：

1. 将羊肉的适用部位冷藏12个小时左右待用。

2. 取出冷冻好的肉按前文所述的要求剔净。按部位分别横放在砧板上，上盖白布，露出1厘米待切的肉，采用"锯刀法"拉切。切成长约15厘米、宽约5厘米的薄片，每250克肉切40~50片为好，再按不同部位码入盘内。

3. 火锅内放入清水（有的可加些海米和口蘑汤助鲜），达八成满，加盖，用炭火烧

开。将各种调料分别盛入小碗中。将配料大白菜块装盘、粉丝装碗、糖蒜和黄瓜条装碟。芝麻烧饼装盘。

4. 食时，将烧旺的火锅、羊肉片、各种调料、配料等一起上桌。顾客根据各种喜好，选择若干种调配成为味料，供涮肉蘸食。吃完肉片，再往火锅里加入白菜、粉丝，涮熟盛入碗内，舀些鲜汤，就芝麻烧饼吃。再就着些糖蒜和黄瓜条，以调剂口味。汤里还可以下些绿豆杂面或小饺子吃。

技术关键：

1. 选料特别重要，选用能即烫即食的新鲜原料。

2. 刀工处理讲究，批片要薄而匀，整齐铺放盘内。

3. 涮的汤汁，也就是常指的底锅要调制好，该浓的浓，该清的清。

4. 涮的调味汁需按固定配方调制的不可随意换料、减料。

5. 对涮常用的液化气、木炭、酒精、卡式炉的丁烷气罐等加热器具及燃料，要注意使用安全，保证应有的火力。

质量标准： 原料多样，汤鲜味美，边涮边吃，口感细嫩，自制调料，灵活方便。

趣味知识

"涮羊肉"又称"羊肉火锅"，选料精细，肉片薄匀，调料多样，涮熟后鲜嫩醇香，脍炙人口。《旧都百话》中说："羊肉锅子，为岁寒时最普通之美味，须于羊肉馆食之。此等吃法，乃北方游牧遗风加以研究进化，而成为特别风味。""涮羊肉"历史悠久，早在17世纪，清代宫廷冬季膳单上，就有关于羊肉火锅的记载。在民间，每到秋冬季节，人们普遍喜食"涮羊肉"。在北京，提起"涮羊肉"，几乎尽人皆知。因为这道佳肴吃法简便、味道鲜美，所以深受欢迎。涮羊肉传说起源于元代。当年元世祖忽必烈统帅大军南下远征。一日，人困马乏饥肠辘辘，他猛想起家乡的菜肴——清炖羊肉，于是吩咐部下杀羊烧火。正当伙夫宰羊割肉时，探马飞奔进帐报告敌军逼近。饥饿难忍的忽必烈一心等着吃羊肉，他一面下令部队开拔一面喊："羊肉！羊肉！"厨师知道他性情暴躁，于是急中生智，飞刀切下十多片薄肉，放在沸水里搅拌几下，待肉色一变，马上捞入碗中，撒下细盐。忽必烈连吃几碗翻身上马率军迎敌，结果旗开得胜。在筹办庆功酒宴时，忽必烈特别点了那道羊肉片。厨师选了绵羊嫩肉，切成薄片，再配上各种佐料，将帅们吃后赞不绝口。厨师忙迎上前说："此菜尚无名称，请帅爷赐名。"忽必烈笑答："我看就叫'涮羊肉'吧！"从此"涮羊肉"就成了宫廷佳肴。据说直到光绪年间，北京"东来顺"羊肉馆的老掌柜买通了太监，从宫中偷出了"涮羊肉"的佐料配方，"涮羊肉"才得以在都市名菜馆中出售。

任务二十一　拔丝

拔丝又叫拉丝，是将经过油炸的小型原料，挂上能拔出丝的糖浆的一种烹调方法。

先将加工成小块、小片或制成丸的原料，经过拍粉或挂糊，用油炸熟，另将白砂糖加少量水（或少量油，或油水各半）用中火熬，直到把糖熬成淡黄色的糖浆，能拔出丝时，随即把炸好的原料投入颠翻几下，挂上糖浆即成。

拔丝菜的关键是炒糖，由于方菜的不同，厨师操作习惯的区别，现在一般流行的炒糖有三种方法。第一，油炒法：就是炒时用油，因为油传热快，炒起来糖的变化快，所以炒起来极容易过火。炒时油放的不宜多，油多了主料挂不住糖，就会失去拔丝的意义。第二，水炒法：锅内先放适量水，下入糖上火，受热糖就溶化，手勺不断地搅动，糖由大泡变小泡，待够火候时即完成。第三，水油混合法：锅先放少许水，加入白糖，上火烧溶化后，沿锅边淋入适量的油，也是边炒边搅动，放油也不宜多，防止糖油化不粘主料。无论哪一种炒法都要掌握好火候，火大糖会迅速变色炒不好，火太小长时间炒会翻砂不出丝。炒糖时还要防止锅边焦煳，糊锅边主要是火太大造成的，如果发现是这种情况，应及时用抹布擦一下，把锅的方向换一下，以免糊的太厉害。

拔丝的原料有水果，如苹果、香蕉、葡萄等，也有时用些根茎类植物，如土豆、山药、白薯等。凡是用水果的都要挂糊，根茎类一般不挂糊，水果类糖分多淀粉少，直接炸容易上色，还会软粘，所以挂糊；根茎类植物含淀粉多糖分少，直接炸发挺实不粘连，所以一般不用挂糊。

拔丝菜的特点是外脆里嫩、香甜可口等。

菜肴实例：拔丝地瓜（如图 2-21-1 所示）

主料：地瓜 500 克

辅料：青红丝 15 克

调料：白糖 150 克、色拉油 1000 克

工艺流程：原料去皮改刀——地瓜油炸——熬糖浆至拔丝时——放入地瓜挂匀糖浆

制作过程：

1. 将地瓜去皮，切成滚刀块，用清水浸泡，洗去表面淀粉，捞出沥净水分。

2. 勺内放油烧至四五成热时，放入地瓜炸透外皮脆硬时捞出沥油。

3. 勺内放少许清水烧热，放入白糖溶化，用中火熬至糖浆能拔丝状态时，倒入炸好的地瓜，颠翻挂匀糖浆，撒上青红丝出勺装盘。

图 2-21-1　拔丝地瓜

技术关键：

1. 掌握好炸制时的火候，油温太高表面上色里面不熟，火小里熟外不挺。

2. 熬糖浆时，火不要急，勺底受热均匀，注意观察糖浆变化，掌握好拔丝时的火候。

质量标准： 瓜块大小均匀，色泽金黄，外脆里软，浓甜干香

趣味知识

　　红薯：红薯味道甜美，营养丰富，又易于消化，可供大量热能，有的地区把它作为主食。红薯含有独特的生物类黄酮成分，这种物质既防癌又益寿，它能有效抑制乳腺癌和结肠癌的发生。并且红薯对人体器官黏膜有特殊的保护作用，可抑制胆固醇的沉积，保持血管弹性，防止肝肾中的结缔组织萎缩，防止胶原病的发生。同时它还是一种理想的减肥食品。它的热量比大米低，而且因为其富含膳食纤维，而具有阻止糖分转化为脂肪的特殊功能。

菜肴实例： 拔丝香蕉（如图 2-21-2 所示）

主料： 香蕉 400 克

辅料： 红绿瓜丝、鸡蛋 2 个、面粉 25 克、淀粉 50 克

调料： 白糖 150 克

工艺流程： 原料去皮改刀——挂糊油炸——熬糖浆至拔丝时——放入香蕉挂匀糖浆

制作过程：

1. 先把香蕉剥去外皮，切成小段或滚刀快，滚上一层面粉，放入用鸡蛋加淀粉、面粉和成的稠糊中，把香蕉挂匀鸡蛋糊。

2. 锅内放油烧至四五成热时，把拌好糊的香蕉逐块放入油锅中炸，炸成金黄色时捞出。

图 2－21－2　拔丝香蕉

3. 油锅内留少许油，放入白糖，油温不要太高，用勺把溶化的糖慢慢搅动，熬至糖浆呈浅黄色、能抽出糖丝时，即把炸好的香蕉块放入糖浆中，离火，快速翻动，使糖浆均匀地裹于香蕉块上，便可装盘，放上红绿瓜丝食用。

技术关键：

1. 香蕉要选择既不生，又没熟透的为好。

2. 挂糊要先和好糊，搅至均匀细腻，再放入香蕉，逐沾匀糊下入油内。

3. 油熬糖浆时，开始油温不要高火不要急，待糖完全融化后，再中火熬制拔丝状态。

质量标准：颜色金黄，脆软香甜。

趣味知识

香蕉在人体内能帮助大脑制造一种化学成分——血清素，这种物质能刺激神经系统，给人带来欢乐、平静及瞌睡的信号，甚至还有镇痛的效应。因此，香蕉又被称为"快乐食品"。美国医学专家研究发现，常吃香蕉可防止高血压，因为香蕉可提供较多的能降低血压的钾离子，有抵制钠离子升压及损坏血，他们还认为，人如缺乏钾元素，就会发生头晕、全身无力和心率失常。又因香蕉中含有多种营养物质，而含钠量低，且不含胆固醇，食后既能供给人体各种营养素，又不会使人发胖。因此，常食香蕉不仅有益于大脑，预防神经疲劳，还有润肺止咳、防止便秘的作用。香蕉味甘性寒，具有较高的药用价值。主要功用是清肠胃，治便秘，并有清热润肺、止烦渴、填精髓、解酒毒等功效。由于香蕉性寒，故脾胃虚寒、胃痛、腹泻者应少食，胃酸过多者最好不吃。

任务二十二　挂霜

　　挂霜是一种形象叫法，就是把糖经熬制合适后，将经过干脆熟处理的主料下入，离火把锅放在通风处，边吹边翻动，使糖都挂在原料上，待冷却形同冬天的霜，故名挂霜。

　　挂霜关键是在熬糖的火候。糖都是用水熬制的，熬得也没有拔丝那么老，一般熬到变稠起泡即成。挂霜主料一般经过不带油的烤制、炒制成熟，油炸的有油、发滑不爱粘糖。多数挂霜菜的特点为糖浆沙白，但四川菜的"酱酥腰果"、"酱酥桃仁"的糖浆也属于挂霜的范围，只不过是它在熬糖过程中加入了适量的甜面酱而已，所以色泽不是沙白。

菜肴实例： 挂霜花生（如图2－22－1所示）
主料： 花生仁200克
调料： 白糖100克
工艺流程： 炒熟花生仁——熬制糖浆——花生挂糖浆——撒糖粉

图2－22－1　挂霜花生

制作过程：

1. 将花生仁放入锅内（不需放油），用小火将其炒香，取出晾凉去皮。

2. 净锅内放入少许水和白糖，待白糖溶化后转小火，熬至糖浆出现很多泡泡黏稠，即将变色前离火。

3. 倒入花生仁，用锅铲快速地翻动，待锅内的糖浆凝固，花生表面挂上"白霜"后即可出锅，待其冷却变酥脆后即可食用。

技术关键：

1. 炒花生时火不可太大，特别是花生发出"啪啪"裂开的声音后要特别注意火力要小，以免焦煳。

2. 熬糖浆时火力不要急，待糖浆开始变得浓稠后泡泡变小变匀，离火将锅端到通风处降温。

质量标准：糖浆沙白，香酥甜脆。

菜肴实例：返沙芋头（如图2-22-2所示）

主料：芋头500克

调料：白糖100克、色拉油1000克、干淀粉50克

工艺流程：原料改刀——原料油炸——熬制糖浆——放入芋头挂匀糖浆

图2-22-2　返沙芋头

制作过程：

1. 将芋头去皮洗净，切成长方条。用沸水烫一下，捞出沥干水分沾上干淀粉。

2. 勺内放入油烧至五六成热时，放入芋头炸至里熟外脆捞出。

3. 勺内放少许清水，加上白糖，用慢火熬至水分已蒸发冒小泡黏稠时，离火放入炸好的芋头，用铲子翻动挂匀糖浆，待凉起沙时即可食用。

技术关键：

1. 芋头沾淀粉不要过厚。

2. 芋头选择储存一段时间，水分比较少的为好。

3. 挂糖浆时温度要高，离火到通风处边吹风边翻动。

质量标准：糖浆沙白，甘甜香酥。

趣味知识

中秋节是我国民间的传统节日。中秋节吃芋头是源远流长的一项习俗，但各地人们在中秋节吃芋头的含义却各有不同。古时，中秋节对农民来说是个重大的节日。北方农村每年只有秋季收获一次稻黍。一到秋收季节，看着一年艰苦劳动的收获，以为是土地神和自己的祖先暗中保佑自己。而且八月十五是土地神的生日，要好好的热闹一番，在八月十五祭神时，有一款贡品是芋头。将整个芋头煮熟装在碟上，或是米粉芋（加入芋头煮成的米粉汤）装在大碗里摆在供桌上，以此来祭谢土地神。现在这种谢神仪式已不存在了，但是中秋节吃芋头的习俗却保留了下来。南方人在中秋节祭月时使用芋头，据说是纪念元末汉人杀鞑子（指元朝统治者鞑靼人）的历史故事，当初汉人起义，推翻元朝蒙古人暴虐的统治，是在八月十五夜晚，汉人在杀鞑子起义后，便以其头祭月。后来当然不可能在每年中秋节用人头祭月，便用芋头来代替，至今还有些地方在中秋节吃芋头时把剥芋皮叫做"剥鬼皮"。芋头里最好吃的数荔浦芋，荔浦芋产于桂林市的荔浦县 。荔浦芋头曾作为广西的首选贡品在岁末进贡皇家大典。尤其是在清朝乾隆年间达到了极盛。

任务二十三　烤

烤是指利用热空气和热辐射，把加工处理的原料直接加热成熟的一种烹调方法。烤制菜肴的烤炉有很多种，其热源也有很多种，有用柴、炭、天然气、煤气等，也有用电、远红外线的。其传热过程都是热源先把空气加热，空气再将热量传递给原料，同时热源的强烈辐射也给原料以很高的热量，使菜肴成熟。烤的烹调方法烹制的菜肴，通常将生料进行适当的加工处理，如腌渍、烫皮，上色，晒皮等后再烹制。按烤制设备及烤制手法的不同，分为明炉烤，暗炉烤，泥、竹烤等。

明炉烤是指将腌渍过的原料在敞开的烤炉上加热，依靠燃料燃烧产生的辐射热将原料烤制成熟的烹调方法。明炉烤的设备一般较简陋，但能直接观察到辐射火力，掌握相对容易。辐射热具有较强的方向性，原料受热不均匀，因此需要经常转动。明炉烤由于热量分散，一般烤制时间较长。为了便于翻转，明炉烤的大型整只原料一般均需上叉，又称叉烤。成品特点：色泽红亮，皮脆肉嫩。一些改刀腌渍的小型原料一般用铁钎，在炭火上翻转烤制，成品特点：外焦里嫩，干香耐嚼。

暗炉烤又称焖炉烤，是将腌渍后的原料置于封闭的烤炉中加热，将原料烤制成熟的烹调方法。由于在封闭的炉中烤制，热的传递方式除辐射外，还有对流的作用，因此温度比较稳定。原料受热均匀，相对烤制时间稍短。暗炉烤除用燃料作热源的普通烤炉，还有用电的远红外烤炉，利用电磁波将原料烹制成熟，由于其具有更强的穿透能力，密封更严，温度更高，加热更快，加热时间和温度又能控制。凡采用普通烤炉的菜肴均可采用远红外烤炉烹制，效果更好。

泥、竹烤是指泥烤和竹烤。泥烤是将原料腌渍入味，用猪网油，荷叶，玻璃纸等包扎，外裹黏性黄泥后，放在火上均匀烤制原料内熟的一种方法。竹烤是将腌渍后的原料置入青竹筒中封严，再放到火中直接加热烤制的方法。泥烤是一种特殊的烤制方法。原料以禽类为主，畜肉类、水产类为辅。成品特点：鲜香浓郁，原汁原味，质感酥烂。竹烤主要是利用青竹中的水蒸气将热能传递给原料，是一种间接烤。竹烤富有浓厚的地方特色。成品特点：清香鲜嫩，风味和醇。

菜肴实例： 北京烤鸭（如图 2-23-1 所示）

主料： 北京填鸭一只（重约 2000～3000 克）

调料： 糖汁（麦芽糖、白糖和水调制而成）

工艺流程： 原料选择——加工整理抹糖浆——入炉烤制——切割——成菜装盘

图 2-23-1 北京烤鸭

制作过程：

1. 将鸭在头和颈之间用刀割断食道管和气管，头略向上控净血，放在 60℃～70℃水中浸透退净毛（退毛时要顺着毛，用力要均匀），再放入冷水中用镊子摘净细毛，取出后按以下6道工序加工整理：①打气：从颈部刀口处拉出气管，用打气筒徐徐地打入气体，充满鸭身各部，使之皮和肉基本分离，其目的在于鸭子烤熟后皮脆肉嫩，是一道重要工序。②用锋利的刀在右腋下割3～4厘米长的月牙形刀口，将食指、中指从刀口处伸入膛内，取出内脏，剁去脖尖和鸭脚。再用6厘米长，直径2厘米的小木棍（或高粱秆）塞进鸭腹，支顶在三叉骨上撑紧鸭皮，使烤制时保持原形。③洗膛、挂钩：将鸭放入清水盆中，由右腋下的刀口处灌入清水，并将右手食指伸入鸭的肛门，掏出未尽的剩肠，使清水从肛门流出，如此灌洗两次，即可洗净。然后将铁钩钩在离鸭肩3厘米的鸭颈处，从颈骨的左面皮内穿入，右面的皮内穿出，再将鸭颈用钩托住。挂钩时勿使铁钩穿过颈骨，以免在烤熟后鸭子容易掉下。④烫皮、打糖：将鸭挂好钩后，用开水淋鸭身，使鸭皮缩紧，然后再浇上糖汁2～3勺，浇遍全身，烤后可使皮脆而色鲜艳。⑤晾皮：烫皮打糖后，把鸭子挂在通风处晾干，若水分不吹干，则烤后皮不松脆。⑥灌水：先用木塞将鸭肛门塞住，然后从右腋刀口处灌入开水至七八分满即可，使鸭再烤时，内煮外烤，熟得快，且外脆里嫩。

2. 经过六道工序整理后，即可将鸭子挂入以调好温度的炉内烤制。烤时应根据鸭身不同部位的老嫩及上色情况，将鸭转变挂烤位置，否则，容易烤焦。腿肉厚，不易熟，要多烤一些时间。烤制时间长短，根据鸭的大小、肥瘦、公母以及气候来决定，一般烤30～40分钟，鸭身烤成均匀的棕黄色，重量比刚入炉时轻6～7两，即为烤好。

3. 食用时将鸭皮、鸭肉片成薄片，蘸甜面酱加葱丝，卷薄饼。

技术关键：

1. 选料要精细，必须选用北京特产的填鸭。

2. 精细复杂的加工处理。

3. 烧炉和入炉烤制，是最关键的技术环节。

质量标准：皮层松脆，肉质细腻，入口即酥，肥而不腻。

趣味知识

相传烤鸭之美，是源于名贵品种的北京鸭，它是当今世界上最优质的一种肉食鸭。据说，这一特种纯北京鸭的饲养，约起于一千年前，是因辽金元之历代帝王游猎，偶获此纯白野鸭种，后为游猎而养，一直延续下来，才得此优良纯种，并培育成今之名贵的肉食鸭种。即用填喂方法育肥的一种白鸭，故名"填鸭"。不仅如此，北京鸭曾在百年以前传至欧美，经繁育一鸣惊人。因而，作为优质品种的北京鸭，成为世界名贵鸭种来源已久。明初年间，老百姓爱吃南京板鸭，皇帝也爱吃，据说明太祖朱元璋就"日食烤鸭一只"。宫廷里的御厨们就想方设法研制鸭馔的新吃法来讨好万岁爷，于是也就研制出了叉烧烤鸭和焖炉烤鸭这两种。叉烧烤鸭以"全聚德"为代表，而焖炉烤鸭则以"便宜坊"最著名。金陵烤鸭是选用肥大的草鸭为原料，净重要求在2.5 千克左右。据说，随着朱棣篡位迁都北京后，也顺便带走了不少南京宫廷里烤鸭的高手。在嘉靖年间，烤鸭就从宫廷传到了民间，老"便宜坊"烤鸭店就在菜市口米市胡同挂牌开业，这也是北京第一家烤鸭店。而当时的名称则叫"金陵片皮鸭"，就在老"便宜坊"的市幌上还特别标有一行小字：金陵烤鸭。在 1864 年，京城名气最大的"全聚德"烤鸭店也挂牌开业，烤鸭技术又发展到了"挂炉"时代。它是用果木明火烤制并具有特殊的清香味道，不仅使烤鸭香飘万里而且还使得"北京烤鸭"取代了"南京烤鸭"，而"金陵片皮鸭"只能在港澳、深圳、广州等南方几个大城市的菜单上才能见到。

菜肴实例：烤全羊（如图 2-23-2 所示）

主料：宰杀的羔羊一只（大约 7500 克）

调料：姜末 25 克、精盐 35 克、胡椒粉 5 克、白酒少许、孜然 5 克、面粉 150 克、鸡蛋 5 个

工艺流程：原料选择——加工整形——刷抹糊糊——烤制——切割——成菜装盘

图 2-23-2 烤全羊

制作过程：

1. 将宰杀的羔羊去掉蹄、皮以及内脏，用清水洗净，擦干羊体表面水分，然后用一根带有铁环的木棍从羊的颈部穿过，穿到羊的尾部，让羊的脖子正卡在木棍上。

2. 将鸡蛋黄搅散搅匀，加入盐、姜末、胡椒粉、孜然粉、面粉和适量的清水调成蛋黄厚糊，并均匀地抹在羊体表面，要抹便全身。

3. 将桶炉内燃料烧制红热，炉温在 260℃ 左右时，堵住通风口，将羔羊挂入烤制。放入羊体时须羊颈向下，羊尾在上，入炉以后，立即加盖封严炉口，并用湿布围边塞紧，防止跑气。烤制时间根据羊体大小而定，一般在 2～3 小时。揭开炉盖，见靠近木棍处的羊肉呈白色，而羊的全身呈金黄色时，即以成熟，取出，改刀切块装盘，带盐面一起上桌食用。

技术关键：

1. 选料要精心，抹糊时，每个部位要涂抹均匀，蛋糊的厚度要大体相同。

2. 掌握好烤制时间。

3. 烤制时炉门要封严，中途不宜揭盖，尽可能保持炉内恒定温度。

质量标准： 色泽金黄红润，形态美观，外香脆、内软嫩，香味醇浓。

趣味知识

　　新疆解放以前，烤全羊是达官贵人、地主巴依等上层人士在逢年过节、庆祝寿辰、喜事来临时用来招待尊贵的客人的珍馐佳肴。新疆解放后，烤全羊已为疆内各民族老百姓所食用，在赛马节、巴扎（新疆民族特色的商品贸易交流会）上以及年节夜市里，常常有巴郎（维吾尔族小伙子）叫卖烤全羊的。烤全羊既可整只出售，又可切分零售，深受各族消费者青睐。因地域与饮食习惯上的差异，中原大地上盛行烤全羊要比蒙古及新疆来得晚些，应该说以前是皇家达官贵人才能享受的佳品，现今已成为广大百姓餐桌上的特色美食。因此在中原大地上，每到华灯初上时，部分城市饮食区以烤羊为主，勤劳的中原人各显神通，有的烤整只的全羊、有的烤大块的羊大块、还有的烤制便于妇女儿童食用的小串的。新疆地产阿勒泰羊是哈萨克羊的一个分支，在生物学分类上属于肥臀羊，肉质肌美鲜嫩而无膻味。新疆蒙古烤制所选用的哈萨克羊或绵羊等品种的羔羊坯因地域口味差异。相比较而言从当地饮食口味的适从性和原料采集当地化来说，中原烤全羊以中原大地特产槐山羊、青山羊的羔羊坯烤制的羊为宜。其中槐山羊产于沈丘县槐店方圆，以槐店为集散地而得名，后遍布整个豫东平原，其体型中等，毛短而密，性早熟，繁殖快，善采食，耐粗饲，喜干厌潮，擅登高、爱角斗，易于放养和喂养。槐山羊多瘦肉少脂肪，不肥不腻，膻味小，煮汤烹调适口，以槐山羊肉制成的槐店东关熏羊肉，是远近闻名的美食珍品。烤全羊之所以如此驰名，除了它选料考究外，就是它别具特色的制法。新疆羊肉质地鲜嫩无膻味，国际国内肉食市场上享有盛誉。技术高超的厨师选用上好的两岁阿勒泰羯羊，宰杀剥皮，去头、蹄、内脏，用一头穿有大铁钉的木棍，将羊从头至尾穿上，羊脖子卡在铁钉上。再用蛋黄、盐水、姜黄、孜然粉、胡椒粉、白面粉等调成糊。全羊抹上调好的糊汁，头部朝下放入炽热的馕坑中。盖严坑口，用湿布密封，焖烤一小时左右，揭盖观察，木棍靠肉处呈白色，全羊成金黄色，取出即成。

菜肴实例：烤鸡翅中（如图 2 - 23 - 3 所示）

主料：鸡翅中 200 克

调料：精盐 5 克、鸡精 3 克、白糖 5 克、胡椒粉 2 克、白酒少许、孜然 2 克、蜂蜜 5 克、葱段姜块各 10 克

工艺流程：原料选择──加工整理──刷抹糁糊──烤制──切割──成菜装盘

图 2 - 23 - 3　烤鸡翅中

制作过程：

1. 将鸡翅中洗净，用精盐、鸡精、胡椒粉、白糖、白酒、孜然、葱、姜腌渍 1 小时左右待用。

2. 将鸡翅中摆放在烤盘中，烤箱设 200℃烤 7 分钟后取出，均匀地抹上蜂蜜；再放入烤 5 分钟，取出再刷一层蜂蜜，放入烤箱再烤 2 分钟，取出装盘即成。

质量标准：色泽红润，外香脆、内软嫩，芳香可口。

技术关键：

1. 掌握好腌渍和烤制时间。

2. 烤制时要边烤边抹油。

目前烤法的名称各地有很大的差异，大体有烤、烧、焗、烘、烧烤等几个名称。北方地区流行叫“烤”，南方地区通常叫“烧”，广东地区叫“焗”。更重要的是使用不同的调料和调味方法，使烤制菜肴丰富了品种，改善了口味，形成了独特的地方风味。

项目小结

　　此部分内容将热菜烹调方法的概念作了诠释，按着执简驭繁的常见常用烹调方法进行了合理的分类讲解，对每一种烹调方法的概念科学地下了定义，并介绍了常见常用烹调方法的烹制要求、操作过程、成品特点，着重讲解了每一种烹调方法的技术关键并试举典型菜例加以说明，对相类似的烹调方法按着两类一组就其同异进行了对比，重点阐述了其不同之处。趣味知识的添加，丰富了知识内容，激发了学习乐趣。

项目三　热菜装盘技术

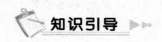 **知识引导** ▶▶

通过此项目的学习，熟悉热菜装盘的要求，了解盛菜器皿的种类和用途，掌握盛器与菜肴的配合原则。

任务一　热菜装盘的基本要求

一、热菜装盘的意义与要求

热菜装盘就是将已烹制成熟的菜肴运用不同的盛装方法装入盛器中。它是整个菜肴制作的最后一个步骤，也是烹调操作基本功之一，是一项技术性较强的重要步骤，决不可予以忽略。装的好坏，不仅关系到菜肴的形态美观，对菜肴的清洁卫生也有很大的影响，因为盛装后，菜肴不再进行加热消毒，所以必须严格注意清洁卫生。

热菜装盘必须符合下列几项要求：

（一）注意清洁，讲究卫生

菜肴经过烹调，已经起了消毒杀菌作用。如果装盘时不注意清洁卫生，再让细菌或灰尘沾染到菜肴，就失去了烹调时杀菌消毒的意义。为此，菜肴装盘时应当做到以下几点：

1. 菜肴必须装在经过消毒的盛具内，盛器内应无水，洁净光亮。

2. 切记手指不可直接接触成熟的菜肴。

3. 在装盘时不可用手勺敲锅，锅底不可靠近盘的边缘。

4. 盛装后不应用抹布擦盘边，使已消毒的盛具重新污染。

（二）菜肴要装得形态丰满，整齐美观，主料突出

菜肴应该装得饱满丰润突出主料，不可这边高，那边低。如果菜肴中既有主料又有辅料，则主料装得突出醒目，不可被辅料掩盖，辅料则应对主料起衬托作用。如翡翠虾仁，装盘后应使人看到盘中虾仁很多，如果装盘后让黄瓜掩盖了虾仁，就喧宾夺主了。即使是单一料的菜，也应当注意突出重点。如干炸黄花鱼，虽然一盘中都是黄花鱼，但要运用盛装技术把大的、形整的鱼在上面，以增加饱满丰富之感。

（三）菜肴的分装必须均匀，并一次完成

如果一锅菜肴要分装几盘，那么，每盘菜必须装得均匀，特别是主辅料要按比例分装均匀，不能有多有少，而且应当一次完成。因为如果发现有的装得多，有的装得少，或前一盘装得太多，发现后一盘不够，而重新分配，势必破坏菜肴的形态。而且把装得多的盘中沿着盘边拨下，一定会卤汁淋漓，影响美观。

（四）装盘要迅速注意菜肴色和形的美观

装盘的熟练程度影响着上菜速度，尤其是热菜，要保证趁热品食才能体现出菜肴的特点，质量才有保证。装盘时还应当注意整个菜肴的色和形的和谐美观，运用盛装技术把原料在盘中排列成适当的形状，同时注意主辅料的配置；使菜肴在盘中色彩鲜艳、形态美观。

装盘时手勺和炒勺要密切配合，只有依靠协调的动作才能较好地完成装盘，而协调的装盘动作，又依靠实践中的训练。

二、盛具的种类及用途

（一）盛具的种类

菜肴装盘时所用的盛具式样很多，规格大小不一，且在使用上各地也有所不同不能一一列举，但其共同的点是发挥盛器的盛装作用，衬托菜肴使其和菜肴相互映衬，展现菜肴的艺术性、实用性。常见的有以下几种：

1. 盘类

盘类是菜肴盛装的主题，盘子中心圈以内微微下凹，盘边微微上翘，主要有以下几种：

（1）腰盘又称长盘（如图 3-1-1）椭圆象腰子状，故称腰盘。尺寸大小不一，最小的长轴 5 寸半，最大的长轴 21 寸，小的可盛饭菜，中等的可盛炒菜，大的多作盛装鸡、鸭、鱼、鱼翅及筵席冷盘之用。

图 3-1-1　腰盘

（2）圆盘（如图3-1-2）圆形，最小的直径5寸，最大的16寸，用途与腰盘相同，也是盛装鸡、鸭、鱼、鱼翅及筵席冷盘之用。

图3-1-2　圆盘

（3）汤盘（如图3-1-3）盘底较深，最小的直径6寸，最大的直径约12寸，主要用于盛烩菜或汤汁较多的菜。有些分量较多的炒菜如鳝糊往往也用汤盘。

图3-1-3　汤盘

（4）其他形状盘（如图3-1-4）随着烹饪业的蓬勃发展，餐具也相应有了很大的变化。在传统的餐具基础上，一些新型、环保材料餐具相继开发成功，形状主要有扇形平盘、矩形平盘等，在用途上与圆盘相近，但形式上却给人以新颖美观、灵巧实用的感觉。

图 3-1-4 其他形状盘

2. 碗类

(1) 汤碗（如图 3-1-5）汤碗专作盛汤之用，直径一般为 5 寸至 12 寸。另外还有一种有盖的汤碗。叫瓷品锅，作盛整只鸡、鸭等汤菜之用。

图 3-1-5 汤碗

(2) 扣碗（如图 3-1-6）扣碗专用于盛扣肉、扣鸡、扣鸭等，直径一般为 5 寸至 8 寸。另外还有一种扣钵，一般用来盛全鸡、全鸭、全蹄等。

图 3-1-6 扣碗

3. 锅类

锅原本是用加热的器具，但一些制作精良、形状美观的小锅，既可用做加热工具，又可做菜肴的盛器，使就餐者能够在感官上得到一定的享受，可谓是一举两得。

（1）砂锅（如图3-1-7）砂锅既是加热用具，又是上席的盛具。特点是散热慢，故适用于煨、焖等需用小火加热的烹调方法。原料成熟后，就用原砂锅上席。因热量不易散失，可有良好的保温作用，适宜在冬天使用。规格不一，最小的直径4寸，中等的为6～8寸，大的为10寸。

图3-1-7 砂锅

（2）火锅（如图3-1-8）火锅用以铜、锡、铝制成的，也有陶制成的，圆形，中央有个小炉膛，可安放炭燃烧，锅体在炉膛的四周。还有一种"菊花锅"，用酒精为燃料，四面出火，火力较强，可以临桌将生的原料放入锅中烫涮，边烫边吃。火锅一般在冬季使用。

图3-1-8 火锅

（3）品锅（如图3-1-9）品锅有铜、锡两种，大小不一，直径一般在20寸左右，有盖。因为容积大，可以把整鸡、整鸭、整蹄成品字形放在锅内烹煮，食用时连锅子上席。现今这类品锅使用较少。

图3-1-9 品锅

（4）汽锅（如图3-1-10）汽锅是一种陶制的蒸锅，一般用紫砂制作而成，形似砂锅，但比砂锅略高，带有盖，直径在5～7寸。汽锅的锅中心有一塔形的空心汽管，从锅底通至上面接近锅盖。应用时，将加工整理好的原料放入锅内加盖蒸笼加热。开锅以后蒸汽从底部空心汽管直窜入汽锅内。菜肴的汤汁是蒸制过程中产生的蒸馏水，将原料蒸熟，原料质感酥香、汤汁鲜醇、香味不外透。汽锅主要用于烹制高档原料如甲鱼、鸡、哈士蟆等。

图3-1-10 汽锅

4. 铁板（如图 3-1-11）

一般用生铁铸成，上面有盖，既是加热工具又是盛装器皿。上桌前预先把铁板烧热，再把制作好的菜肴快速地倒在上面烤烫，并盖上盖，有时还需罩上餐巾，待铁板热量减低，飞溅油汁减少时去掉铁板盖即可食用。铁板的规格不一、造型各异，能够增加就餐气氛。

图 3-1-11 铁板

5. 攒盒（如图 3-1-12）

攒盒是冷菜的专用盛具，由中间的一个大圆盒外带一圈小围盒组成，有盖。目前，有类似于攒盒的餐具，如磁制攒盒也应用得比较广泛。

图 3-1-12 攒盒

（二）盛具与菜肴的配合原则

毫无疑问，菜肴制成后，都要用盘、碗盛装才能上席食用。值得注意的是，不同的盛具对菜肴有着不同的作用和影响。一个菜肴如果用合适的盛具装盛，可以把菜肴衬托得更加美观，给人以悦目的感觉。所以应当重视菜肴与盛具的配合。一般原则是：

1. 盛具的大小应与菜肴的分量相适应

量多的菜肴应有较大的盛具，量少的菜肴应该用较小的盛具。如果把量少的菜肴装在大盘大碗内，就显得分量单薄；把量多的菜肴装在小盘小碗内，菜肴在盛具中堆积很满，甚至汤汁溢出盛具的外面，就不但令人有臃肿不堪之感，而且还影响清洁卫生。所以盛具的大小应与菜肴的分量相适应。一般情况是，装盘时菜肴不能装到盘边，应装在盘的中心圈内；装碗时菜肴应占碗的容积的 80%～90%，汤汁不要浸到碗沿。

2. 盛具的品种应与菜肴的品种相配合

盛具的品种很多。各有各的用途，必须用得恰当。如果随便乱用，不仅有损美观，而且还会使食用不便。如一般炒菜、冷菜都宜用腰盘，圆盘；整条的鱼宜用腰盘；烩菜及一些带汤汁的菜肴如煮干丝、炒鳝糊等宜用汤盘，汤菜宜用汤碗；砂锅菜宜将原砂锅上席；全鸡、全鸭宜用瓷品锅等。

3. 盛具的色彩应与菜肴的色彩相协调

盛具的色彩如果与菜肴的色彩配合得宜，就能把菜肴的色彩衬托得更加鲜明美观。当然，洁白的盛具，对大多数菜肴都是适用的；但是，有些菜肴如用带有彩色图案的盛具来盛装，就更能衬托菜肴的特色。如精熘鱼片、芙蓉鸡片、炒虾仁等装在白色的盘中，色彩就显得单调；假使装在带有淡绿色或淡红色花边的盘中，就鲜明悦目了。

任务二　热菜盛装方法

一、炸、炒、熘、爆的菜的装盘法

炸、炒、熘、爆的菜肴特质类似，装盘要求大体一致，但某些特殊类型的菜肴又各有其不同的装法。

（一）盛装的一般要求

1. 菜装在盘中的形态，应与盛器的形状适应，盘装盛圆形，腰盘装成椭圆形。

2. 菜肴不可装到盘边。

3. 如两味菜肴同装在一盘，应力求分量平衡，不宜此多彼少；还要界线分明，勿使混在一起。如一个菜肴有卤汁，另一个才无卤汁或卤汁少，应先装有卤汁的，再装无卤汁或卤汁少的。例如将番茄鱼片和酱爆鸡丁装在一个盘中，前者有卤汁而后者基本上无汁，就应先装番茄鱼片，因为即使它卤汁流在盘底，酱爆鸡丁也能将其盖住，但先装酱爆鸡丁，后装番茄鱼片，那么，番茄鱼片的汁一定会流在鸡丁四周，对形和色的影响就大了。

（二）炸制菜的盛装方法

炸制菜的特点是无芡无汁，块块分开。装盘的方法及关键是：

1. 先将菜肴倒（或捞）在漏勺中，沥干油。

2. 从漏勺中将菜倒入盘中，倒时可用筷子或铁勺挡一挡，以防止倒出盘外。

3. 装盘后发现原料堆积或排列的形态不够美观，可用筷子将菜肴略加拨动调整，使其均匀饱满，切不可直接用手操作。

（三）炒、熘、爆的菜肴的盛装法

1. 左右交叉轮拉法：一般适用于形态较小的不勾芡或勾薄芡的菜。方法及关键是：装盘前应先颠翻，使形大的翻在上层，形小的翻在下层。用手勺将菜肴拉入盘中，形小的垫底，形大的盖面；拉时一般可左拉一勺，右拉一勺，交叉轮拉，不宜直拉。如清炒虾仁，盛装前应先将锅颠翻几下，使只大的虾仁翻在上面，只小的翻在下面。然后用勺轻轻地将上面的大虾仁拉在锅内的一边（左边或右边），再用手勺将小虾拉入盘中。拉时一勺拉得不宜太多，更不可对直向盘中拉。因为直着拉，锅中后面的大虾仁易于向前倾滑下来，大小又混在一起了，所以，应当用左后交叉轮拉发，也就是在拉小虾仁时，一勺从左边，一勺从右边轮流向盘中交叉斜拉，待小虾仁全部拉完，最后将大虾仁拉盖在上面。

2. 倒入法：一般适用于质嫩易碎的勾芡的菜，往往是单一料或主辅料无显著差别的菜。方法及关键是，装盘前应先大翻锅，将菜肴全部翻个身；倒入时速度要快；锅不易离盘太高，倒时将锅迅速向左移动才能保证原料不翻身，均匀摊入盘中。倒入糟熘鱼片，在装盘前先应进行一次大翻锅，使鱼片肉朝上，皮朝下。因鱼片很细嫩，极易破碎，不可用手勺多接触；且鱼片应整齐均匀地摊在盘中。因此，装盘时应当用一次倒入法。倒时锅保持一定的斜度，一面迅速倒入，一面将锅迅速向左移动，以使鱼片均匀摊入盘中。同时锅不宜离盘太高，如离盘太高，鱼片倒入时易翻身。就不能保证肉朝上、皮朝下了。但也不能太低。以防锅沿的油垢玷污盘边。

3. 分主次倒法：一般适用于主辅料差别比较显著的勾芡的菜。方法及关键是：先将辅料较多的剩余部分倒入盘中，然后将勺中主料较多的部分铺盖在上面，突出主料。

4. 覆盖法：一般适用于基本无汁的勾芡的爆菜。方法及关键是：盛装前先翻锅几次，使锅中菜肴堆聚在一起；在进行最后一次翻锅时，用手勺趁势将一部分菜肴接入勺中，装进盘内；再将锅中余菜全部盛入勺内，覆入盘中，覆时应略向下轻轻地按一按，使其圆润饱满。如油爆肚、葱爆羊肉等菜肴一般都用这样的装盘方法，因为这些菜肴卤稠而黏性大，故不宜用倒或拉的方法。

二、烧、炖、焖、烩菜的装盘法

烧、炖、焖等烹调方法，一般用大型或整只原料，装盘方法大致相同。一般有以下几种：

（一）拖入法

一般适用于整只原料（特别是整鱼）。其方法及关键是：先将锅略掀一下，趁势将手勺迅速插到原料下面。再将锅移近盘边，把锅身倾斜，用手勺连拖带倒地把菜肴拖入盘中。拖时锅不宜离盘太高。

如红烧黄鱼装盘时，就是先将锅掀一下，趁势将手勺迅速插到鱼头下面，然后端锅至盘子上方，把锅身向前倾斜，一面用手勺拖住鱼头带动鱼身向盘中拖入，一面增加锅子的倾斜度，连拉带到地迅速把鱼装入盘中。装时，向下倾斜的锅边不宜离盘太高，否则鱼易断碎。

（二）盛入法

一般适用于由单一或多种不易散碎的块形原料组成的菜肴，方法及关键是：用勺将菜肴盛入盘中，先盛小的差的块，再盛大的好的块，并将不同的原料搭配均匀。勺边不可将菜肴戳破。盛时勺底沾有汤汁应在锅沿上刮一下，防止汤汁淋落在盘边上。如红烧肉、剥肉大烤、炒三鲜等都用这种盛装法。肉块往往有大与小、形态完整与否之别，应先将小的差的块盛入盘中垫底，再将大的、好的块装在上面。炒三鲜的用料是多种多样的（如鸡块、爆鱼、肉块、肉皮、肉丸、鱼丸、猪肝、猪爪等），装盘时必须适当搭配，不可使某一种原料都在上面，某一种原料都在下面。用盛入法就易于进行搭配。盛时还应注意，勺边不可将肉块或肉丸、鱼丸等戳破，确保菜肴形状完整美观。

（三）扣入法

一般适用于事先根据不同需要将原料在碗中排列成图案或排得整齐圆满的菜肴。方法及关键是：先将成熟后的菜肴一块一块紧密地排列在碗中。排列时应将菜肴正面向着碗底，先排好的大的块、再排小的差的块；先排主料，再排辅料。菜肴应排平碗口，不可排得太多或太少。排好后用盘反覆在碗口上，然后迅速翻转过去，将碗拿掉。如扣肉、黄焖栗子鸡等菜都是用这种扣入法装盘的。取大小适当的碗一只，用筷子将菜肴一块一块地紧密而整齐地排列在碗中。排时应将菜肴正面（即带皮的一面）向着碗底，先排质量好、形状整齐的块（黄焖鸡中的鸡脯肉、鸡腿肉，扣肉中瘦肥适当、形态完整的肉）；排满碗底后，再将质量和形态较差的排在上面。如果原料有主有辅，如黄焖栗子鸡，应先将主料鸡排在碗底，辅料栗子排在上面。菜肴应排得与碗口齐平，不可太多、太少或有凹凸不平的现象。排好后用盘子倒置在碗上，要覆在盘的正中，然后迅速连盘带碗一齐翻转过去，再将碗轻轻拿掉。翻时动作必须迅速，否则卤汁要沿着盘边流出，影响美观。

三、整只或大块菜肴的盛装形式

（一）整鸡、整鸭

1. 应腹部朝上，背部朝下。因鸡、鸭的腹部肌肉丰满，背部骨骼突出，因此腹部应

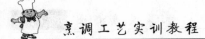

朝上，背部应朝下。

2. 头应置于旁侧。鸡、鸭颈部较长，因此头必须弯转过去，紧贴在身旁。

（二）蹄膀

应皮朝上，骨朝下。蹄膀的外皮色泽鲜艳，圆润饱满，故应朝上。

（三）整鱼

1. 单条鱼应装在盘的正中，腹部有刀缝的一面朝下。

2. 两条鱼应并排地装盘，腹部向盘中，背部向盘外，紧靠在一起。

3. 装盘后如需浇卤汁，应从头向尾巴浇，全面浇均匀。因浇卤汁时，往往是先浇下去多，后浇下去少；鱼的近头部肉多，应多浇一些，尾部肉少，可少浇一些。

四、烩菜的盛装法

1. 羹汤一般装至占盛具容积的 90％左右。如羹汤超过盛具容积的 90％，就易于溢出容器，而且在上席时手指也易于接触汤汁，影响卫生。但也不可太浅，太浅则失去丰满感。

2. 有些菜的主料和浮油先用勺盛起，到最后才浇上去。有些需要是主料浮在上面，或需要有"油面"（即菜肴成熟后淋上去的油）的菜肴，应将主料或浮油盛在勺中，将其余部分装入盘中，再将勺中的主料或浮油倒在上面。

五、汤菜的盛装法

1. 汤汁装入碗中，一般以装至离碗的边沿 1 厘米上下处为度。

2. 大型原料应将菜肴整齐地扣入碗中，再将汤沿着碗边缓缓倒下，不可冲动菜肴。因为菜肴扣入碗中时，已经排列整齐，如果将汤从中间冲下，势必破坏菜肴的整齐形状，汤汁又会溅出碗外。

3. 小型易散碎的原料扣入碗中后，还应当用勺将菜肴盖住，再将汤从手勺上倒下。如扣三丝、扣三鲜等由于原料十分细小即使汤从碗边缓缓倒入，菜肴也会冲乱，所以应用勺先将菜肴盖住，再将汤从烧上下，以保持菜肴的美观。

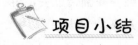 项目小结

此部分内容详细说明了热菜装盘的具体方法，剖析了盛具的种类和用途，明确了菜肴装盘的基本要求，强调了美食与美器的关系并以图片进行展示，指出盛装器皿与菜肴配合的原则。

项目四　筵席知识

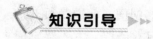

知识引导 ▶▶▶

通过此项目的学习，了解中国筵席的起源与发展，理解筵席的意义、作用和种类，熟悉筵席的配置方法，掌握筵席菜单设计的基本要求。

筵席是酒席的古称，也称宴席。是人们为了某种社交目的的需要，根据接待规格和礼仪程序精心设计的一整套菜点。何为"筵席"？古人席地而坐，"筵"和"席"都是铺在地上的坐具。《周礼·春宫·司儿筵》记载："铺陈曰筵，籍之曰席。"意思是说：铺在地上的叫做"筵"铺在筵席上供人坐卧的叫做"席"。所以，"筵席"二字，开始是坐具的总称。因为古代没有桌子，在进食的时候，大家都坐在筵席之上，酒菜也自然放于筵席之间。"筵席"二字就具有了酒馔的含义。"筵席"又含有进行隆重、正规的宴饮的意思。"筵席"这个名词正是在这个意义上沿用下来的，后来专指酒席。

任务一　中国筵席的起源与发展

一、中国的筵席起源

中国的筵席起源于四千多年前。在新石器时代，先民的原始信仰和各种祭祀活动都要陈放祭品，还要击鼓奏乐，诵诗演舞，宾朋云集，礼仪隆重。《周礼》中说："天神称祀，地祇称祭，宗庙称享。"《孝经》中说："祭者，际也，人神相接，故曰际也；祀者，似也，谓祀者似将见先人也。"这两段话解释了祭祀的由来及作用。通过祭祀活动可以使人与神接触，重见死去的亲人，那么，自然就应恭恭敬敬、郑重其事了。要祭祀，就要有表示尊敬的物品，所以祭品和陈放祭品的礼器应运而生，于是就出现了木制的豆，瓦做的登，竹制的笾，青铜制的尊、俎、鼎。古代最隆重的祭品是牛羊猪三牲组成的"太牢"，其次是羊和猪组成的"少牢"，这是王室祭奠天神或祖宗的。如果单祭田神，求赐给丰收，一只猪蹄就可以了，如果单祭战神，保佑胜利，杀只鸡也就行了。若是隆重的国祭，会有盛大的仪式，祭祀结束，君王则将祭品分别赐给大臣，于是祭品转化为筵席上的菜品，筵席初具雏形。从形式上看，祭品转为菜品，礼器变为餐具，已经具有筵席聚餐式、规格化和社交性的特征了。

古代礼俗也是筵席成因之一。据《周礼》记载，先秦有敬事鬼神的"吉礼"，丧葬凶荒的"凶礼"，朝聘过从的"宾礼"，征讨不服的"军礼"，以及婚嫁喜庆的"嘉礼"等。在通常的情况下，行礼必奏乐，乐起要摆宴，欢宴须饮酒，饮酒需备菜，备菜则成席。古代筵席多在室内举行，设筵形式受环境制约。秦以前，房屋多坐北朝南，前面是行礼的"堂"，后面是住人的"室"，房屋建在高台上，台下有阶，四周围有墙壁。古人筵宴时"降阶而迎"、"登堂入室"等礼节的出现，与这种房屋格式息息相关。夏商周三代，先民还保有原始人穴居遗风，把竹草编织的席子铺在地上供人就座。古人席地而坐，登堂必须脱鞋。那时的席子大小不一，有的可以坐数人，有的仅坐一人。除席之外，古代还有筵，筵与席是同义词。两者的区别是筵长席短，筵粗席细，筵铺在地上，席铺在筵上。时间长了，筵席二字合二为一。

先秦时期还未出现桌子和椅子，只有床和几。古人的坐姿有三种：一是两脚向前伸平而坐，舒展自如，叫做"箕踞"；二是盘腿大坐，称为"跏趺坐"；三是双膝着地，臀部坐在脚跟，显得庄重，名曰"跪"，这是赴宴时的礼貌做法。汉代时，西域的"马扎子"传入中原地区，在其启发下，造出了桌椅，将先民从跪坐中解脱出来。从此，筵席失去铺陈作用，便充当酒宴的专用名词。《清稗类钞》说："古人席地而坐，食品咸置之筵间，后人因有筵席之称。"这便是"主席"、"席面"、"席位"、"席次"、"席菜"等称谓的来历。

二、历代筵席的发展

中国筵席在新石器时代孕育基础上，经过夏商周三代发展，到春秋战国时已经具备雏形。两汉时期，筵席在席位、陈设、礼仪以及菜点的质量上不断演化，进入隋唐时期更具规范。发展至明清时期有了较大的发展，更加考究。充分体现了中华民族饮食文化的特色。

（一）筵席的初步形成时期

先秦时期《周礼》、《礼记》等书记载，虞舜时期已经出现"燕礼"。这是一种养老宴，每年举行多次，慰问本族长老或者外姓长者。形式是先祭祖，然后围坐在一起吃些狗肉，喝点米酒。较为简朴随意。到了夏朝，这一时期敬老之风尚存，并且增添了"飨礼"这种飨礼，菜品稍多，酒不多喝，体现一种敬老的传统。夏启继位后曾在钧台（今河南禹州市南）举行盛大的宴会，宴请各部落的酋长。而夏的最后一位君主夏桀，更追逐四方珍食美馔，开了筵席奢靡之风的先河。殷商时期因为殷人嗜饮酒，喜群饮，菜品也更加丰盛。那时候餐具多按1～3人一席设计，除了碗、勺、杯外，其余都是公用。纣王当政荒淫无道，酒池肉林。开了夜宴的先河。至周朝时期由于生产力的不断发展，食品原料丰富多彩，祭祀色彩已经淡化。接受夏、商亡国的教训，对饮酒加以节制；同时周公制礼作乐，严格按照等级确定筵席的规格，酒席较前代正规很多。周天子用膳须准备6种粮食，6种牲畜，6种饮品，8种珍馐，120种菜品和120种酱。诸侯大夫赴宴，有正菜32道，加菜12道。至于乡间酒礼，三年一次，60岁享用3道，70岁享用4道，80岁享用5道菜，90岁享用6道菜。这即是以菜品数量衡定筵席等级的始源。其接待程序也相应得到发展。包括谋宾（确定名单），戒宾（发送邀请），陈宾（布置餐厅），迎宾（降阶恭候），献宾（敬酒上菜），作乐（唱诗抚琴），旅酬（挽留客人），送宾（列队奏乐）等。春秋时期。礼崩乐坏，士大夫也敢"位列九鼎"席面的限制不那么严格了。这时候诸侯都有筑台宴乐的风气。重陈设，坐的席子有莞席、藻席、次席、蒲席、熊席五种，扶的矮几也有玉几、雕几、彤几、漆几和素几的区别。战国时期，宴乐更甚，《招魂》、《大招》中抬亡灵用的菜单上客观反映出楚地筵席的情况。《招魂》中列出楚地主食4种、菜品8种、点心4种和饮料3种；《大招》的席单列出楚地主食7种，菜品18种和饮料4种。它们组合恰当，衔接自然。在席面设计上跃上了新的台阶。湖北曾侯乙墓出土的青铜冰鉴、炙炉、九鼎等食具，还有金质酒器，从其典雅精美的程度可以看出当时中国筵席已经具有很高的审美价值了。

（二）筵席发展时期

从秦汉到唐宋时期，生产力飞速发展，筵席在物质条件充沛及文化发展等因素影响下，中国筵席发生了很多新变化。秦朝时的咸阳和巴蜀，天下富豪汇集，饮食市场繁荣，民间的婚寿喜庆酒筵都较为隆重。汉初期筵席较为简单，后来国力上升，宴乐又兴起，并且注重规范。此时多高堂设帷帐，酒筵摆在锦幕之中。器具由厚重趋向轻薄，多以漆器为主。魏晋时期"文酒之风"兴盛。曹操筑"铜雀台"，曹丕筑"建章台"和"凌云台"，曹植宴"平乐观"，张华设"园林会"，虽然都出自以文会友，网罗人才的目的，但这些筵席的雅境、雅情、雅菜、雅趣，对中国筵席的发展有着积极深远的影响。南北朝时期筵席演变有三大特点：一是出现了类似矮桌的条案，改善了就餐环境与卫生条件；同时朱墨相同的漆质餐具大放光华，这不仅控制了菜品的分量，而且为摆台技艺的发展提供了条件，使得筵席逐步向小巧雅丽发展。二是筵席名目增多，目的性增强。像帝王登基宴、封赏功臣宴、省亲敬祖宴、游猎宴、登高宴、汤饼宴、团年宴等，都各自呈现出不同的特色，这对中国筵席种类多样化起到了促进作用。三是随着佛教的流行，信徒吃斋之风盛行。在此基础上，孕育出了早期的素席。充实了中国筵席的内容。隋朝经历的时间较短，酒筵承上启下，属于过渡时期。唐朝及五代时期由于封建经济飞跃上升，科学文化相当发达，对外交流频繁，大量新原料新烹饪方法传入中原。筵席发展进入一个全新时期。出现了高桌和交椅、铺桌帷、垫椅单，开始使用细瓷餐具。从《韩熙载夜宴图》看，贵族仍是1～3人一席，有宴乐佐餐，情韵浓厚。讲究借景为用，妙趣天成。像唐玄宗在长春殿举行的临光宴，扬州官府举行的争春宴，白居易在水上举行的游篓宴，以及樱桃宴、红云宴、避暑宴等，或观灯、赏花、泛舟、玩景都注重情感愉悦和心理调适，追求一种高雅格调。唐中宗时出现大臣拜官后向皇帝进献烧尾宴的惯例。这种筵席菜多达五六十道，为宋、清两代大宴的调排奠定了基石。筵席用料已从山珍扩展到了海味，由禽兽扩展到了异物。烹饪工艺也更加考究精细。孕育在春秋、演化在汉魏的酒令在此间发展极快，世间无不以这种佐饮助兴的词令和游戏为乐，使得酒宴的气氛更为欢悦。宋金时期名宴更多：有宋仁宗大享明堂礼、宋太宗玉津园盛宴、宋度宗寿宴、天基圣节大席、西湖游宴等。此类大席，很重铺排，像集英殿举行的宋皇寿宴，仅摆设就有仰尘、徽壁、单帷、搭席、帘幕、屏风、绣额、书画等 10 余种，以饮九杯寿酒为序，上 20 多道菜点，演 10 多种大型文娱节目，动用数千人参加。再如清河郡王张俊接待宋高宗及随员，按职位高低摆出 6 种席面，仅皇帝计有 200 道菜点，连侍卫也是"各食五味"，每人羊肉一斤、馒头 50 个、好酒一瓶。在饮食市场上，这时出现了专管民间吉庆宴会的"四司六局"，它们分工合作，把准备的一切事物承办下来，有利于筵席的发展。此时，看盘也出现在了酒筵上，为席面增色不少。汴梁、临安的大店都清一色使用银质和细瓷餐具，这种气派更是前所未有。

（三）筵席成熟兴盛时期

元明清时期，随着社会经济的繁荣以及各民族的融合，中国筵席日趋成熟，并走向鼎盛。

元朝时期酒筵赋予了浓郁的蒙古族食风和北方草原气息。首先，菜品多为羊馔和奶制品，适当辅助其他荤素食品。烹饪技法也以烧烤为主，崇尚鲜咸，元代大型烤肉席，筵席菜饭和整羊宴都如此。江南酒筵重视鱼鲜，但是羊、奶菜品仍然占有较大比例。其次，烈酒用量甚大，多用"酒海"盛装。不分昼夜，不醉不休。有时连续欢宴 3～7 天甚至数十天。

发展到明清两朝，中国筵席进入成熟兴盛时期，主要表现在三个方面：一是筵席设计有了较为固定的格局，注重套路、气势和命名。明代万历年间的乡试大典，席面分为上马宴、下马宴两种，每种又有上中下之别。84 桌各成格局。清宫光禄寺置配的酒筵有祀筵、奠筵、燕筵、围筵四类，每类也分为若干等级。像头等燕筵的菜单便用面粉 120 斤、红白馓支 3 盘，饼饵 20 盘又加 2 碗，干鲜果品 18 盘，熟鹅一只，其他菜品若干。二至六等依次递减。市场上的筵席也以餐具多寡来区别档次，既有高档的十六碟八盘四点心，也有低挡的"三蒸九扣"、"十大件"，还有十六碟八大八小、十二碟六大六小、重九席、双八席、四喜四全席、五福六寿席等。从筵席结构来看，主要分为酒品冷碟、热炒大菜、饭点茶果等三个层次，好似军队中德前锋、中军和后卫，分别由主碟、座汤和首点统领，而指挥这次筵席大军的主帅，就是头菜。头菜是何规格，筵席就是何种档次。从筵席命名看，有突出头菜"燕窝席、熊掌席"，有借用数字的"盖州三套碗"、"巩昌十二体"，有门第家风

"孔府宴"，有地方风味"洛阳水席"。二是筵席用具和环境舒适、考究。红木家具问世后，八仙桌、大元桌、太师椅、鼓形凳，都被用到酒席上来。为了便于调排菜点，宾客谈话和祝酒布菜，座位多为六人席、八人席和十人席的格局，主人、主宾、陪客、随从的席位多有讲究。明代有对号入座的"席图"，清代在主宾背后放置雕漆或屏风，主宾正面摆放穿衣镜，以示尊重。明清的筵席餐具强调配套，常是一桌席面用一色器皿。如孔府筵席"银质点铜锡仿古象形水火餐具"，全套404件，可上196道点心；慈禧太后的宁寿宫膳房里，有筵席所用金银餐具1500余种，均为绝世珍宝。三是各式全席脱颖而出，制作工艺超凡脱俗。全席一般可分为主料全席、系列料全席、技法全席和风味全席四种。清代的全席有全龙席、全虎席、全凤席、全麟席、全羊席、全牛席、全鸭席、全鱼席、全蟹席、全素席等数十种席面。大多数全席从头到尾都只用一种主料，可变只是辅料和烹饪技法。

（四）筵席当代创新时期

中国筵席最鼎盛繁荣的时期当属当代，尤其是改革开放以后，随着社会经济飞速发展、中西方交流日益频繁，大量新烹饪原料、烹饪器具、烹饪方法传入。中国的筵席更加追求新、奇、特和营养、卫生，使得筵席登上了更高境界。从而进入了创新时期。这一时期食品工业崛起，使得菜肴本质属性发生了改变，1925年中国用小麦麸皮制成味精。后又引进各种食用香精、糖精、色素及多种食品添加剂，对筵席菜肴的改良起到重要作用。这一时期烹饪教育事业蓬勃发展，使得筵席更趋向于科学性和社会适用性。1949年以前，只有个别大学开设过烹饪课，这是我国出现最早的烹饪教育。1949年以后，在全国建立了一批烹饪技工学校、中等职业学校、培训班和大专层次的烹饪校系，形成了多层次的烹饪教育网络。改变了几千年来师徒相授的传艺方式。尤其是将烹饪理论与现代营养卫生学有机结合起来，使得筵席更具有科学性。当代多次举办全国性的烹饪技术比赛，使得南北东西的名宴相互交流，各地筵席质量大大提高。

任务二　筵席的特征和作用

中国筵席脱胎于古代祭祀，每逢大祭，人们亲朋云集，祭奠天神和祖先，击鼓奏乐，载歌载舞，祭祀完毕之后，祭品大家分享。从这里我们就可以看出筵席具有聚餐、规格程式化和社交娱乐性的特征和作用。中国筵席发展到当代，仍是多人聚会，按照一定的程序和上菜规格来安排，其也是为了一定的社交目的且安排娱乐节目，由此可以看出，当代的筵席仍然具有这些主要的特征和作用。

一、聚餐式

筵席的形式就是聚会。以多人围坐在一起，边进餐边交谈。这是中国筵席的重要特征。筵席在先秦时期是分坐分席，各吃各餐。到隋唐时期出现了高桌、交椅，尤其是后来又出现了八仙桌、大圆桌以后，筵席开始采用合餐这种形式，因为这种进餐方式可以促进和加强宴会的气氛，使得场面热闹，增进宾主的感情。筵席一般由主人来筹办准备，负责筵席的一切调度安排，而宾客包括主宾、一般宾客，而主宾是筵席的重要人物，其席位处于最显眼的位置，筵席的一切活动都是围绕他来举行。筵席就是围绕主宾进行的一种隆重热烈的聚餐式活动。

始于康熙，盛于乾隆的千叟宴就是盛大的聚会筵席。清代共举办四次。清帝康熙为显示他治国有方，太平盛世，并表示对老人的关怀与尊敬，因此举办"千叟宴"。2006年10月28日，在我国广西的永福县也举办了"千叟宴"。来自全国各地一千一百九十九名七十岁以上的寿星围坐在两百张八仙桌旁，组成了一个壮观的"寿"字。

二、规格程式化

规格化是指筵席的内容。既然是盛大的宴会，就必然要求菜肴有冷有热、有咸有甜、有汤有点，不仅品种样式要别致，还要求口味丰富多彩，餐具装饰也要上档次，长此以往，总结出了一整套程式化规格。筵席从环境的装饰就开始设定了规格要求，如满汉全席就要求用餐的场合必须符合筵席的要求。越是重要宾客，重要筵席，其所摆设筵席的场所也就越高档，装饰也越精致豪华。台面布置上也在摆放和选择餐具上体现了规格要求。从简单便席一碟一筷一杯，到高档筵席的每席十几种餐具，体现了规格的档次。还有餐巾的使用也体现了规格，主宾所使用的样式区别于其他席位，一般高大突出。还有不同的筵席所使用的餐巾样式也不同，如婚宴一般折制鸳鸯、并蒂莲花、玫瑰等寓意爱情的样式，而寿宴一般折制桃子、仙鹤等寓意长寿的样式。

筵席的发展使得其上菜程序规范化，先上冷盘和酒水，再上热炒和大菜，最后上饭点和水果。其间穿插上小炒。南宋绍兴二十一年（1151年）十月甲戌日，宋高宗驾临清河郡王张俊的府邸，张俊做了精心准备，列出一席极品菜肴。其程式堪为后世之标准。从中可以看出宋代顶级筵席的规格制度和程式。事先桌子上先摆放看食，有各种新鲜水果、果蔬雕刻、酸咸蜜饯、肉干果仁。虽然也可以食用，但摆在这里主要是显示排场和气派，烘托出盛大庄重的气氛。看盘在唐代就有，《南部新书》已有记载。再坐下来才端上剖切过的新鲜水果和众多点心，如荔枝甘露饼、珑缠桃条、香药葡萄、缠松子等。看盘过后，众人开怀畅饮，每一巡酒就上两道菜肴，在当时菜单上列出了十五盏酒，共计三十道菜。菜肴所用原料以水产和禽类为主，显示了当时南宋时期地域原料供应的情况。肉食中猪羊内脏也有，这类原料更加考验烹饪者的智慧和技术。面对如此的名菜佳肴，筵席过程必然非同一般。在宋朝的皇家宴会上，当皇帝饮酒时，会由教坊中的两位色长担任"看盏"，类似于现代宴会的司仪。当侍者为皇帝斟酒时，看盏朗声长诵"绥御酒"，然后侍者为百官斟酒,看盏朗声长诵"绥酒"。教坊各部的乐者、歌者、舞者会根据要求做出歌舞表演。斟酒过后,皇帝举杯示意群臣饮酒,完毕后群臣原地敬拜皇帝,然后歌舞上场表演,接着就是下一盏酒。以此类推直至筵席结束。

三、社交娱乐性

社交娱乐性是中国筵席重要的特点。常常通过筵席上的语言、祝酒词、行酒令、各种歌舞表演和娱乐活动体现出来。筵席从开始到结束,其间欢声笑语不断,人们通过交谈和各种活动来结交朋友,沟通关系,增进感情,具有很浓的亲和力和社交性。筵席中,主人常热情地给宾客夹菜,宾客也给主人回敬,宾客之间也相互示好,使得宾主之间感情交流。敬酒与劝酒更是古今中国筵席的一道风景线,主人用各种风俗习惯热情敬酒、劝酒,宾客频频回敬,让筵席气氛热烈融洽,敬酒和劝酒体现了筵席特有的社交性质。

中国古代筵席非常注重娱乐性,除了精食美馔,还伴有歌舞表演,著名的鸿门宴,项庄就舞剑来助兴。周礼更规定周天子才可以享受六十四位美女的歌舞表演,由此可见,筵席除了享受美食外,更伴有娱乐。其实这是非常符合养生的,大量的酒肉如果过快的食用,使得食物积存在胃部,造成积食,对人体的损害非常大。而一边慢慢品酒品菜,一边欣赏歌舞表演,身心都非常轻松愉悦。除了歌舞,中国筵席还有其他游戏,文人吟诗作赋,武将舞刀射箭,大众的猜拳、酒令、投壶、解谜等,这些娱乐活动目的就是使得筵席推向高潮。

任务三　中国筵席的规格与种类

一、筵席的规格

(一)筵席档次的划分

筵席的规格又叫档次,就是所设立的等级。筵席的档次由于各地经济水平和烹饪技术的差别,故而筵席的规格各地有差异。内陆省份的高档筵席在沿海省份可能就是中档筵席,北方的中档筵席在南方可能就是低档筵席。现在通常将筵席分为特、高、中、低四档,即特级筵席、高级筵席、中级筵席和一般筵席。

判定筵席档次的标准,先是看菜点的质量和数量,其次看原料的档次和烹饪方法的难易程度,最后看用餐环境及餐具、陈设、装饰和接待礼仪等。其中,关键看菜点质量,它直接决定筵席规格的高低。

（二）筵席档次的要求

由于市场各种原料的价格变化等因素，筵席的规格不是固定不变的，可以在一定范围内灵活掌握。从传统习惯来看，主人选用筵席往往考虑主宾的身份地位，筵席的主要目的以及自己的经济支付能力。

二、筵席的分类

中国筵席的种类繁多，从古至今，出现过无数名宴，且今日还在不断创新之中，几乎没有统一的分类方法和标准。这里仅从科学角度结合餐饮业习惯，进行简单划分。

（一）按头菜名称分类

如燕窝席、鱼翅席、海参席等。头菜是筵席的主菜，要求用料名贵，调制精美。头菜一旦确定，其他菜品就可安排恰当。用头菜分类，可从质上体现档次，便于配套，所以使用较多。

（二）按菜品数目分类

如八人席、十大件、重九席、五福奉寿席、八仙过海席等。此种分类从数量上就可以分出筵席的档次，便于计价和调配品种，也兼顾民俗，因而在乡镇民间十分流行。

（三）按地方菜系分类

如川菜席、鲁菜席、京菜席等，由于地方菜系以地方风味为特征，乡情浓烈，个性鲜明，受到地域人民的喜爱。

（四）按主要用料分类

如全羊席、全牛席、全鱼席等。这类筵席上的菜肴都用同一种主料，不同只是辅料和烹饪方法，它充分体现了中式烹饪的博大精深。

（五）按办宴目的分类

如婚宴、寿宴、纪念、庆祝、团聚等。这类筵席偏重菜点组合艺术和美化，菜肴命名要雅致，多在感官和心理上给人以美好想象。

（六）按季节时令分类

如春席、夏席、中秋宴、除夕筵等。这种筵席重视选用应时的鲜活原料，根据季节变化和人们的需求，调整口味和技艺，使得菜肴应季时令。

（七）按烹饪原料分类

如水鲜席、野味席、花果席、素菜席等。这种分类突出某一类土特产品，或适应宾客的嗜好。由于选用同一类原料，口味协调，自成体系。

（八）按主宾身份分类

如国宴、专宴等。此类筵席难度大，要求严格，且礼仪隆重。

（九）按宗教信仰分类

如全素席。素菜起源于寺院。

三、古典名席

（一）周代八珍席

这是我国目前发现最早的一张完整的筵席菜单，也是后世八珍筵席的指导来源。这份菜单由六菜二饭组成，是供周天子食用的。反映了三千年前黄河流域的饮食风格。

菜单如下：淳熬（肉酱油烧饭）、淳母（肉酱油烧黄米饭）、炮豚（煨烤炸炖乳猪）、炮牂（煨烤炸炖母羔羊）、捣珍（烧牛羊鹿里脊）、渍（酒糟牛羊肉）、熬（五香酱卤牛肉干）、肝膋（烧烤网油包狗肝）。

（二）汉代楚地的王宫筵席

这是战国时代的楚宫盛宴，这种筵席选用原料与荤素搭配、烹制技巧和调料配合都发展到了新的高度。

菜单如下：牛肉笋蒲、石花狗羹、芍药熊掌、叉烧兽脊、紫苏鱼片、清炒锦鸡、白露菜心、红焖豹胎等。饮品：兰花美酒。饮食：楚乡稻饭、雕胡珠米粥。

（三）唐中宗时韦巨源烧尾宴

唐代，每当朝中大臣职位升迁，都要"献食天子"，设宴祝贺，这种筵席被称为"烧尾宴"。《封氏闻见记》中提到"烧尾"一词的由来：据说有一种虎可以变成人，变成人后有尾巴，必须烧掉尾巴才能真正成人。韦巨源升任尚书左仆射，按惯例，也向唐中宗献食。

菜单如下：单笼金乳酥、曼陀样夹饼、巨胜奴、婆罗门轻高面、贵妃红、生进鸭花汤饼、生进二十四气馄饨、见风消、金银夹花、火焰盏口锤、冷蟾儿羹、唐安嗲、水晶龙凤饼、双拌方破饼、玉露团、汉宫棋、长生粥、天花毕罗、赐绯含香粽子、甜雪、八方寒食饼、素蒸音声部、白龙月霍、金粟平堆、凤凰胎、羊皮花丝、逡巡酱、乳酿鱼、丁子香淋脍、葱醋鸡、吴兴连带酢、西江料、红羊枝杖、升平炙、八仙盘、雪婴儿、仙人脔、小天酥、分装蒸腊熊、卵羹、清凉月霍碎、箸头春、暖寒花酿炉蒸、水炼犊、五生盘、格食、过门香、红罗丁、缠花云梦肉、遍地锦装鳖、蕃体间缕宝相肝、汤浴绣丸。

（四）满汉全席千叟宴

千叟宴始于康熙，盛于乾隆时期，是清宫中规模最大，宴者最多的盛大御宴。康熙五十二年在阳春园第一次举行千人大宴，玄烨帝席赋《千叟宴》诗一首，固得宴名。乾隆五十年于乾清宫举行千叟宴，与宴者三千人，即席用柏梁体选百联句。嘉庆元年正月再举千叟宴于宁寿宫皇极殿，与宴者三千五十六人，即席赋诗三千余首。后人称谓千叟宴是"恩隆礼洽，为万古未有之举"。

丽人献茗：君山银针；

乾果四品：怪味核桃、水晶软糖、五香腰果、花生粘；

蜜饯四品：蜜饯橘子、蜜饯海棠、蜜饯香蕉、蜜饯李子；

饽饽四品：花盏龙眼、艾窝窝、果酱金糕、双色马蹄糕；

酱菜四品：宫廷小萝葡、蜜汁辣黄瓜、桂花大头菜、酱桃仁；

前菜七品：二龙戏珠、陈皮兔肉、怪味鸡条、天香鲍鱼、三丝瓜卷、虾籽冬笋、椒油茭白；

膳汤一品：罐焖鱼唇；

御菜五品：沙舟踏翠、琵琶大虾、龙凤柔情、香油膳糊、肉丁黄瓜酱；

饽饽二品：千层蒸糕、什锦花篮；

御菜五品：龙舟镢鱼、滑溜贝球、酱焖鹌鹑、蚝油牛柳、川汁鸭掌；

饽饽二品：凤层烧麦、五彩抄手；

御菜五品：一品豆腐、三仙丸子、金菇掐菜、溜鸡脯、香麻鹿肉饼；

饽饽二品：玉兔白菜、四喜饺；

烧烤二品：御膳烤鸡、烤鱼扇；

野味火锅：随上围碟十二品；

一品：鹿肉片、飞龙脯、狍子脊、山鸡片、野猪肉、野鸭脯、鱿鱼卷、鲜鱼肉、刺龙牙、大叶芹、刺五加、鲜豆苗；

膳粥一品：荷叶膳粥；

水果一品：应时水果拼盘一品；

告别香茗：杨河春绿。

任务四　中国筵席的设计

筵席设计主要是设计菜单，菜单是筵席的示意图。筵席设计是一种创造性的劳动，要能将多种菜点组合成综合性的整体，牵涉面广，难度大，技术处理要求高。同时对每一种菜点都要从整体着眼，从数量、质量、色泽、形态、味觉变化以成菜后的质感等关系出发，精心配置。做到均衡、协调、多样化。

一、筵席的内容

筵席菜一般包括冷菜、热炒、大菜、甜菜、汤羹、饭菜、茶酒、点心和水果等。这些菜点又大体上分作三个批次，有计划按比例依次入席。

（一）冷菜和酒

冷菜和酒是第一组菜点。

1. 冷菜

通常称之为冷盘，又叫冷碟、冷菜、冷荤、冷拼或者看盘、花碟。有独碟、双拼、三镶、四配、六样、八齐，以及花色拼带围碟等多种形式，全系冷食。烹饪方法多用酱、卤、熏、炝、拌、白煮、挂霜等。讲究刀法和装盘，要求质精形美，小巧玲珑。起诱发食欲，导入筵席的作用。

2. 酒

筵席中酒又称为酒水，一般要配备 2～5 种，白酒、黄酒、红酒、啤酒、饮料、果汁、矿泉水兼而有之。可视节令与客人需要选择。酒在筵席中左右菜点的组配，应依据筵席档次与宾主灵活择用。

（二）热炒和大菜

热炒菜和大菜，为第二组菜点。

1. 热炒菜

热炒又叫"行件"，通常为 4～6 道，在冷菜和大菜之间起承上启下的作用。它主要采用炒、爆、熘、炸、煎、烹、塌（火字旁）、贴等方法制作，现做现吃，一热三鲜。热炒多为"抢火菜"，要在手艺上显功夫，其量不宜太多，以防喧宾夺主。

2. 大菜

大菜也称行菜、正菜、主菜，是筵席的灵魂，多为 5～8 道，有时也有 10 道、12 道乃至 16 道的。大菜中包括头菜、荤素大席、甜食和汤品四项。

（1）头菜：头菜即是首菜——筵席中最好的菜品，常用山珍海味和名蔬佳果制作，或扒、或酿，整只、整块、整条置于大盆、大碗、大盘中率先上席。头菜要求鲜嫩、肥美、香酥、脆爽。在质量上必须超过所有菜品，使其发挥领衔压阵，统率全局的作用。

（2）荤素大菜：一般包括畜肉菜，禽蛋菜，鱼鲜菜和瓜蔬菜，大多选用本地时令名特物产，用烧、焖、蒸、焗、炸、熏、汆等技法制成。它们紧随头菜，映衬头菜，既要与头菜相配，又不能压过头菜。

（3）甜菜：筵席中甜菜一般 1～2 道，个别也有 4～8 道的。原料多为水果，亦可用菌耳或者肉蛋奶。常用技法有拔丝、挂霜、糖水、蜜焖等。作用是调换口味，解腻醒酒。

（4）汤品：汤品按浓淡程度，有纯汤、清汤、浓汤、汤菜和乡土汤之别；按入席程序，则分为首汤、二汤、配汤和座汤。首汤又叫开席汤，二汤紧随头菜，配汤跟着荤素大菜，座汤置于大菜的末座，要求质量最好。筵席的汤可做成羹、粥、乳、汁。

上述四种大菜在筵席中作用非常重要，一桌筵席好坏关键就看几种大菜能否发挥"台

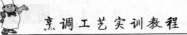

柱子"作用。

（三）饭菜、点心、果品

饭菜、点心、果品是第三组菜点。

1. 饭菜

饭菜是筵席中最后上的下饭菜，也叫"香食"，是配合主食的。或2或4，或6或8，以素为主，兼顾荤鲜，也可用酱菜和泡菜代替。用小碟盛上，刻意求精。

2. 点心

点心随大菜、汤品或者饭菜入席，甜带咸，咸带甜，可分上，可齐上。品种有包子、饺子、面条、点心、米饭、糕饼、酥类、粥、羹等。少则1～2道，多为4～8道。最多可达几十个品种。

3. 果品

果品主要用鲜果，也可用干果、果干。果脯或者蜜饯。多为双色或者四样。常见有四鲜果、四酥仁、四脯干、四蜜饯、四茶点、四香碗、四甜品、四手碟等，应该选用时令佳果和优质品种，一般要求削皮、去核、切片、插签，摆出图案，放入细瓷小碟。其作用是解酒消食。此外通常应备有1～2种茶叶，任客人选用。

二、筵席配置的一般要求

（一）筵席中菜肴的比例

1. 一般筵席

第一组菜点10%，第二组菜点80%，第三组菜点10%。

2. 中等筵席

第一组菜点15%，第二组菜点70%，第三组菜点15%。

3. 高级筵席

第一组菜点20%，第二组菜点60%，第三组菜点20%。

4. 特级筵席

第一组菜点25%，第二组菜点50%，第三组菜点25%。

从以上配置来看，筵席等级越高，正菜比例越小，似乎是大中菜地位在削弱，其实不然，因为等级越高，价格也就越高，增加的费用主要还是用在大菜上面。同时增加一、三组菜点的档次，增强筵席的规格。

（二）筵席的上菜程序

筵席菜肴的上菜次序，是根据筵席规格和菜点组合与进餐节奏，有计划，按比例依次上席。它们正确与否，对提高筵席质量，增加客人食欲有着十分重要的意义。按照我国传统饮食文化的要求，其原则是：先冷后热、先咸后甜、先炒后烧、先淡后浓。具体次序是：冷菜、热炒菜、头菜（大菜中的第一道菜）、大菜、甜菜（点心）、大汤菜、饭菜、水果。

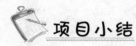 项目小结

　　此部分内容介绍了中国筵席起源和概念，具体地解释了筵席的意义和作用，详细说明了筵席菜肴的配置方法，明确了筵席菜肴的上菜程序，强调了筵席菜单设计的基本要求，指出了筵席菜肴的比例关系。

项目五　菜系形成与流派

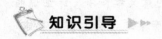

知识引导 ▶▶▶

通过此项目的学习，了解宫廷菜、官府菜、寺院菜、市肆菜及少数民族与清真菜的历史形成，了解各个地方菜系的形成与发展及民间菜；理解各个菜系的区别，掌握各个菜系的烹饪特色及基本特征。

中国菜点由于地理、历史、经济、政治、民俗、宗教等诸多因素的作用，形成了内容深厚凝重、风格千姿百态的整体性文化特征，充分体现了华夏各民族的创造智慧。纵观各烹饪流派的发展过程，可以看出中国菜点是一个延绵不绝、高峰迭起的发展体系，是历经各族人民智慧不断传承发展积淀的成果。

任务一　菜系的形成与特点

我国是一个历史悠久的文明古国，饮食文化源远流长。从记载于历代文献中的数以万计的菜点品种上能够得到充分体现。如果对这些传统菜点的源头细加研究，我们会发现它们多分属于历史上的宫廷菜、官府菜、寺院菜或市肆菜。由于历史的原因，各种类别的菜点相互交错彼此渗透。如"八宝豆腐"本属宫廷菜，现在却遍地开花，成为随处可见的地方菜；"黄焖鱼翅"原为官府明馔，现亦已流入民间，成为酒馆饭店餐桌上的常见菜肴；"拨霞供"早先是寺院菜，如今也演变成不同区域、不同风格的火锅、涮锅；而民间的小窝头却成了一道颇具特色的宫廷菜。

一、宫廷风味

宫廷菜，是奴隶社会王室和封建社会皇室、帝、后、世子所用的肴馔。中国古代宫廷菜点各个朝代的风味特点各不相同，但有一点却是相同的，就是中国历代皇帝对口腹之欲都很重视。他们凭借权势，役使天下各地各派名厨，聚敛天下美食美饮，形成豪奢精致的宫廷风味特色。宫廷菜可以代表各个时代的中国烹饪技艺的最高水平。

（一）宫廷风味的历史概貌

周代宫廷风味形成初步规模。周王室的宴饮活动很频繁，宴饮的种类、规格也很复杂，究其原因，除了统治者享乐所需外，还有政治上的需要。那就是通过宴会活动，强化礼乐精神，维系统治秩序。周代宫廷风味就是在这种社会背景下形成的。另外，周王朝的政治文化更多地以"礼"的形式来表现，包括王室饮食生活在内的一切事务，都成为礼制的约束对象。根据《周礼》记载，总理政务的天官冢宰，下属五十九各部门，其中竟有二十个部门专为周天子以及王后、世子们的饮食生活服务，如主管王室饮食的"膳夫"、掌理王及后、世子饮食烹调的"内饔"、专门烹煮肉类的"亨人"、主管王室食用牲畜的"庖人"等。周王室的饮食风味，代表了黄河流域的饮食文化，而南方楚国宫廷风味则代表着长江流域的饮食文化。《楚辞》之《招魂》、《大招》两篇，所描述的肴馔品种繁多是研究楚国宫廷风味的重要文献资料。秦汉以后，宫廷御厨在总结前代烹饪实践的基础上对宫廷加以丰富和创新，汤饼、蒸饼和胡饼，这三种饼食就是汉代宫廷常用的面点品种，豆制品的丰富多样也使宫廷饮食结构发生了变化。豆豉、豆酱等调味品的出现改变了调味品只用盐梅的情形；豆腐的发明深受皇族贵戚的钟爱，成为营养丰富、四时适宜的烹饪原料。魏晋南北朝时期，由于中国历史上的分裂与动荡交错、各民族文化交融，在饮食文化上各族人民的饮食习俗在中原地区交汇一处，大大丰富了宫廷饮食，如新疆的大烤肉、涮肉，闽粤一带的烤鹅、鱼生，皆为当时御厨吸收到宫廷菜中。加上西北游牧民族入居中原，乳制品在中原也得以普及，改变了汉人不习食乳的历史，更为宫廷风味增添了许多新的食材。到了唐代由于雄厚的经济基础和繁盛的饮食市场，唐代的宫廷菜点不仅相当丰富，而且大有创新，唐代宫廷宴会十分重视看席。宴会上的"看席"为"素蒸音声部"，即由七十个面制食品组成的舞乐场面，乐工歌伎之造型甚为逼真。唐代宴会不仅种类繁多，而且场面盛大，宴会的名目和奢侈程度空前。宋代宫廷肴馔，前后有很大差别，一般认为北宋初叶至中叶较为简约，后期到南宋则较为奢侈。元代宫廷菜点以蒙古风味为主，并充满了异国情调。蒙古族人原以畜牧业为主，习嗜肉食，其中羊肉所占比重较大。宫廷肴馔很庞杂，除蒙古菜外，兼容汉、女真、西域、印度、阿拉伯、土耳其及欧洲一些民族的肴馔。明代宫廷风味强调饮馔的时序性和节令食俗，重视南味。清代的宫廷风味在中国历史上已达到了顶峰。御膳不仅用料珍贵，而且注重看馔的造型。清代宫廷在烹调方法上还特别注重"祖制"，许多菜肴在原料用量、配伍及烹制方法上都已程式化。如民间烹制八宝鸭时只用主料鸭子加八种辅料，而宫中烹制的八宝鸭，限定使用的八种辅料不可随意改动。奢侈靡费，强调礼数，这是历代宫廷饮食生活的共同特点，清代宫廷饮食生活在这两方面显得尤其突出。清宫饮食无论在质量上还是数量上都是空前的。清宫风味主要由满族菜鲁菜和淮扬菜构成，御厨对菜肴造型艺术十分讲究，在色彩、质地、口感、营养诸多方面都相当强调彼此间的协和归同。宫廷宴礼名目繁多，以千叟宴规模最盛，排场最大，耗资亦最巨。

（二）宫廷风味的烹饪特点

宫廷菜的历史源远流长，在漫长的历程中宫廷风味已形成选料严、烹饪精、肴馔新、品种多的特色。选料严是因为宫廷饮食讲究食必稽于本草，饮必准乎法度。不同时间不同场合，用不同的肴馔都有一定章法。加上宫廷的特殊地位，可以获取最好的原料，绝不会因为原料不足而用代用品。因此，宫廷菜肴可以严格地按着烹饪的要求选料。烹饪精，首先源于御膳的制作者都是经过严格挑选的烹饪人才，他们的烹饪技艺熟练高超，同时从烹饪的程序到肴馔进奉御前，分工极为细致，管理极为严格，有整套的规矩，因此烹饪不可能不精致。肴馔新，宫廷的统治者们一方面讲究"尊古合一"，一方面又追逐高级的饮食享受，这样不断促使宫廷膳食管理机构和制作菜肴的御厨们创制出新的品种。品种多，末代皇帝溥仪在《我的前半生》一书中回忆他当"宣统"皇帝时吃的一份"早膳"，菜单上竟有27个品种。《清宫锁记》中说慈禧一次膳品就有上百种，还有十分具有代表性的满汉全席，仅一座筵席便有128道名菜。

二、官府风味

官府菜，是封建社会官宦人家所制的肴馔。达官显贵们穷奢极侈，饮食生活上争奇斗富，因此官府菜肴具有芳饪标奇，庖膳穷水陆之珍的特点。

（一）官府菜的历史概貌

官府菜当滥觞于春秋，而贯穿于整个封建时代之始末。汉郭况的官府有"琼厨金穴"之称；晋石崇有"咄嗟即办"之品；唐韦陟府邸有"郇公厨"之号；段文昌邸中庖所称"炼珍堂"，外出行厨号"行珍馆"。韦巨源府邸自制"烧尾宴食单"。宋张俊官邸一日可办二百余种馔肴的筵席。明清之时，达官府邸更是各有家厨，争相斗艳显艺。官府菜对中国烹饪的发展、演变有其积极的一面，它保留了很多传统饮食烹饪的精华，在烹饪理论与实践方面有很多建树。官府菜中以孔府菜为最，自成一套完善的饮食格局和系列菜谱。随园菜则集江南官府菜之大成。谭家菜是官府菜的典型代表。

1. 孔府菜

孔府菜历史悠久，烹调技艺精湛，独具一格，是我国延续时间最长的官府菜，其烹调技艺和传统名菜，都是代代承袭，世世相传，经久不衰。孔府菜是孔子后裔秉承孔子食不厌精，脍不厌细的遗训，从而形成了饮食精美，注重营养，风味独特的菜肴。在菜肴制作上十分考究，要求不仅料精细作，火候严格，注重口味，而且要巧于变换调剂，应时新鲜，以饱其口福，孔府还有相当完备的专事饮馔的厨房——内厨和外厨，分工精细，管理严格所有这一切，对风味独特，美轮美奂之孔府菜的形成和发展起到了十分重要的作用。在中国著名的文化古城山东省曲阜城内的孔府，又称为衍圣公府邸。这座坐北朝南三启六扇威严的宫殿式府邸，门额上高悬蓝底金字"圣府"，中国封建社会，孔府既是公爵之府，又是圣人之家，是"天下第一家"，比皇帝的家还要显贵。历代统治者，都把孔子的后裔封为"圣人"。自西汉以来，随着孔子后裔政治地位的升迁，至明清时期，衍圣公曾官居一品，班列文官之首，享有携眷上朝之殊荣，皇帝朝圣、祭祀活动频繁，皇室的成员每次来曲阜，必以盛宴接驾。至于高官要员的纷至沓来，孔府也要设高级宴席接风。进而形成了孔府的宴会饮食。长期以来，因受门第观念的束缚，孔府内眷多来自于各地的官宦之家，他们之间的礼尚往来，使众家名馔佳肴得以荟萃一堂，各呈特色，互为补益。孔府这种广泛的社交活动和内外厨之间的频繁更替，促使了孔府和宫廷，孔府与官府，孔府同民间的烹饪技艺的不断交流。加之千百年来孔府名厨巧师们的潜心切磋，师承旧制，在继承传统技艺的基础上进行创新，最终逐渐形成了自成一格，名馔珍馐齐备，品类丰盛完美，色、香、味、形、器具佳的孔府菜。

2. 随园菜

随园菜即清代乾隆年间江南名士袁枚随园府邸之菜。袁枚世称随园先生，生于公元1716年，字子才，号简斋，浙江钱塘人，清乾隆年间考上进士，才华出众，诗文冠江南，为人潇洒不羁。因为恃才傲物，最后告别官场，优游林下，把研究美食当成自己生活的主要内容。他是清代著名的大诗人和大文学家，一生著作很多，其中《随园食单》就是《随园全集》中有关记述烹饪的专门著作。全书分"须知单、戒单、海鲜单、江鲜单、特生单、杂性单、羽族单、水族有鳞单、水族无鳞单、杂素菜单、小菜单、点心单、饭粥单、茶酒单"14单。该书中还用很大的篇幅记载了我国18世纪中叶的326种菜肴、饭点和茶酒。大至山珍海味，小至一饭一粥，味兼南北无所不包。对菜点的选料、加工、切配、烹调直至上桌次序的全过程，以及菜点的色、香、味、形、器等诸多方面，都作了十分精辟的论述。他提出的二十须知、二十一戒和十二种菜单，理论联系实际，把传统经验和当时厨师的心得体会结合起来，对后人产生了很大的影响。袁枚爱吃也懂得吃，他写的《随园食单》集清代江南官府菜之大成，一经著录，有点铁成金之妙，成为随园菜的名品。

3. 谭家菜

谭家菜作为一种官府菜能流传下来实属不易。在20世纪初，京城最出名的三大私家烹饪：军界的"段家菜"、财政界的"王家菜"、银行界的"任家菜"都随着官府老爷的盛衰而起落，最终灰飞烟灭。而谭家菜，这个清朝官僚家庭产生的私家菜却由于独树一帜的色、香、形等特点得以扎根京城。谭家菜产生于清朝末年的官人谭宗浚家中。谭宗浚父子酷爱珍馐美食，谭家女主人都善烹调，而且不惜重金聘请京城名厨学艺，不断吸收各派烹饪名厨所长，久而久之，独创一派谭家风味菜肴。由于谭家菜选料考究，制作精细，尤其重火功和调味的工艺特点，深受各界食客的赞赏与推崇，当时作为一种家庭菜肴就已闻名北京。以后由于谭家官运不佳，家道中落，不得不以经营谭家菜为生，从而使得谭家菜得以进一步发展。谭家菜在烹调中往往是糖、盐各半，以甜提鲜，以咸提香，做出的菜肴口味适中，鲜美可口，无论南方人、北方人都爱吃。谭家菜的另一个特点，是讲究原汁原味。烹制谭家菜很少用花椒一类的香料炝锅，也很少在菜做成后，再撒放胡椒粉一类的调料。吃谭家菜，讲究的是吃鸡就要品鸡味，吃鱼就要尝鱼鲜，绝不能用其他异味、怪味来干扰菜肴的本味。在焖菜时，绝对不能续汤或兑汁，否则，便谈不上原汁了。谭家菜是家庭菜肴，讲究慢火细做，不像一般菜馆里的菜，出于经营的需要，多是急火速成。而在谭家菜中，采用较多的烹饪方法是烧、烩、焖、蒸、扒、煎、烤，以及羹汤等，而很少有爆炒类的菜肴，亦不讲究抖勺、翻勺等技术。也正因为这个原因，想吃谭家菜事先预定为最理想，给厨师留出充足的备料、制作时间。谭家菜以燕窝和鱼翅的烹制最为有名。在谭家菜中，鱼翅的烹制方法即有十几种之多，如"三丝鱼翅"、"蟹黄鱼翅"、"沙锅鱼翅"、"清炖鱼翅"、"浓汤鱼翅"、"海烩鱼翅"等。鱼翅全凭冷、热水泡透发透，毫无腥味，制成后，翅肉软烂，味极醇美。而在所有鱼翅菜中，又以"黄焖鱼翅"最为上乘。这道菜选用珍贵的黄肉翅（即吕宋黄）来做，讲究吃整翅，一只鱼翅要在火上焖几个小时。这样焖出来的鱼翅，汁浓、味厚，吃着柔软濡滑，极为鲜美。谭家菜虽然规矩多，索价高，但慕名问津者接踵不断，原因就在于它高超精细的烹调技法。谭家古朴高雅的客厅、异彩纷呈的花梨紫檀木家具、玲珑剔透的古玩、价值连城的名人字画，远非一般官府菜可比。20世纪50年代初，彭长海、崔明和等谭府家厨在北京果子巷开馆经营谭家菜。1958年，在周总理的建议下，谭家菜在北京饭店落户，发展至今，北京、上海、广州等地都有专营谭家菜的餐馆，品尝谭家菜对劳动人民来说也并非难事，正可谓"旧时王谢堂前燕，飞入寻常百姓家"。

（二）官府菜的烹饪特色

官府菜在生成与发展的历史长河中，总要泛起饮食文化的糟粕。有关研究成果表明，官府菜的争奇斗奢之风始终不减，暴珍天物之例屡见不鲜；但这并非官府菜的主流。像孔府菜、随园菜、谭家菜等官府菜，其中保留了大量华夏传统饮食文化之精华，这些精华充分反映出官府菜的一些典型特征。

1. 烹饪用料广博。以孔府菜为例，其取料选材，基本上采自山东地区品种繁多的土特产，如胶东半岛的海参、鲍鱼、扇贝、对虾、海蟹等海产品，鲁西北的瓜、果、蔬菜；鲁中南山区的大葱、大蒜、生姜；鲁南湖泊区域的莲、菱、藕、芡，以及遍布全省的梨、桃、葡萄、枣、柿、山楂、板栗、核桃等，都是孔府菜取之不尽的资源，体现了官府菜用料广博的基本特征。

2. 制作技术奇巧。以谭家菜为例，谭家菜的海味烹饪最为著名。调味力求原汁原味，以甜提鲜，以咸提香，精于火工，所出菜肴软烂，易于消化，多用烧、靠、烩、焖、蒸、扒、煎、烤等制熟方法。如"清汤燕菜"，以温水涨发燕窝，3小时后，再以清水反复冲漂，择尽燕毛与杂质，待燕窝泡发好后，放入一大碗肉，灌入250克鸡汤，上笼蒸20～30

分钟，取出分装于小汤碗内，再将以鸡、鸭、肘子、干贝、火腿等料熬成的清汤加入适量的料酒、白糖、盐，盛入小汤碗内，每碗撒几根切得极细的火腿丝上桌。技法之巧，由是可见。

3. 宴席名目繁多。以孔府为例，其筵席品类有很多，且等级森严，有婚宴、丧宴、寿宴、官宴、族宴、贵客宴等。掌事者要根据参宴者官职大小与眷属亲疏来决定饮馔的档次及餐具的规格。另外，孔府中的"满汉全席""全羊大菜""燕菜席""海参宴"等，穷极奢华，排场颇盛，选定某种筵席，要以来客的身份、时令节俗、府内事体等作为确定依据。

4. 菜名典雅得有趣。孔府菜在这方面较为突出，在菜肴名上，孔府菜既保持和体现着"雅秀而文"的齐鲁古风，又表现出孔府肴馔与孔府历史的内在联系。如"玉带虾仁"表现衍圣公之地位的尊贵，"诗礼银杏"与孔家诗书继世有关，"文房四宝"表示笔耕砚田的家风，而"烧秦皇骨鱼"则寄托着对秦始皇"焚书坑儒"之暴政的痛恨。这些菜名体现着官府菜的文化趣意与特色。

三、寺院风味

寺院菜主要是指素菜，以非动物原料（蛋、奶除外）烹制的菜。我国传统食物结构中，素食所占比重很大。《黄帝内经》早已有"五谷为养，五果为助，五畜为益，五菜为充"之论，这种以素为主的饮食结构的形成，期间并没有多少宗教因素起作用，更多的是以科学养生作为这种食物结构的生成起点。只是到了后来，随着佛、道寺院宫观的兴盛，素菜的创新与出新便有了与之相应的条件和环境，真正意义上的素菜——寺院菜得以蓬勃发展。佛教本无吃素的戒律，自释迦牟尼弟子提婆达多提倡素食，传入中国后，为汉族信徒所接受。自此入寺吃素成为佛教教规。中国佛教僧尼所制食馔荤素均有，如宋代金山寺僧佛印的烧猪肉，清代扬州小山和尚的大烧马鞍桥，法海寺的烂烧猪头等，都是以荤取胜，但更多的是以素闻名。佛寺素宴为持斋茹素的佛门僧众善男信女所重。素食之风盛于南朝梁代，当时已达相当水平。贾思勰《齐民要术》一书有素食专章，是中国第一部素菜谱。起初，僧尼素食只限于寺院内部食用，或做佛事人家招待僧尼进用。后来，朝山进香的施主、香客来了，需就地素食，于是有些较大的寺院就兼营寺食了。再后来又扩大到市肆和宫廷，形成寺院素菜、宫廷素菜、民间素菜三大流派。如宋代汴京、临安肆上已有素食店，宋人林洪《山家清供》所载傍林鲜、玉灌肠、东坡豆腐等，都是颇具特色的素菜。清宫廷饮食中也有素菜，光绪朝御膳房素局就有厨师 27 人，专门制作素菜。素菜的特点，一是为寺院所创，执鼎者多是僧厨；二是忌用动物性原料和韭、葱、蒜等植物原料；三是以素托荤，即吸收荤菜烹制技术，仿制荤菜菜形，借用荤菜菜名。其名菜有罗汉斋、鼎湖上素、素鱼翅、酿扒竹笋及八宝鸡、糖醋鱼、炒毛蟹、油炸虾等，象形菜如孔雀、凤凰、花篮、蝴蝶等花色冷盘菜。

（一）寺院菜的历史概貌

佛教在两汉之际传入中国时，起初被认为是黄老之术的一派，而为宫廷内部接受。随后，译经僧人不断东来，专事佛典汉译，倡法说教，印度佛教包括大小乘各派基本已被介绍到了中国。至南北朝，佛教摆脱依傍，走上了自己发展的道路。佛、道在宗教体系上的分化，正契合了魏晋的玄学思想，两大宗教在此时皆发展勃兴，出现了寺院宫观遍及名山大川的勃发势态，寺院菜也便应运而生。起初，小乘佛教僧尼在生活上以乞食为主，所以虽重杀戒，但又无法禁止肉食。《十诵律》说："我听唉三种净肉，何等三？不见，不闻，不疑。不见者，不自眼见为我故杀是畜生；不闻者，不从可信人闻为汝故杀是畜生；不疑者是中有屠儿，是人慈心不能夺畜生命。"有关僧尼吃"三种净肉"的记载，还可见于《四分律》、《五分律》、《摩诃僧祇律》等佛典中。自南北朝后，大乘佛教盛行。大乘佛教的主要经典如《大般涅槃经》、《楞伽经》等都主张禁止肉食。《大般涅槃经》卷四："从今日始，不听声闻弟子食肉；若受檀越（施主）信施之时，应观是食如子肉想……夫食肉者，断大慈种。"南朝梁武帝十分推崇《般若》、《涅槃》等大乘佛典，尤其重视戒杀和食素。他撰写的《断酒肉文》，从三个方面论述他的看法。①僧尼吃肉皆断佛种，日后必遭苦报。②僧尼不禁酒肉，将以国法、僧法论处。③郊庙祭祀所用牺牲祭品，皆以面粉造型代用，太医不以虫畜入药。由于他坚持素食，使寺院僧尼开始了真正意义上的戒律生活。所以，我国寺院素食，其真正产生的时间应是南朝。素食的发展及形成体系，离不开僧尼的劳动创造。南朝寺庙的香积厨中有的已开始设计系列素食了。梁时的建康建业寺（在今南京）中有个和尚，擅长烹制素菜，用一种瓜可做出十余种菜，且一品一味（《南北史绩世说》）。大乘佛教对荤食有两种解释：其一是戒杀生，不食荤腥，古代愿云禅诗曰："千百年来碗里羹，冤深如海恨难平。欲如世上刀兵劫，但听屠门半夜声。"恻隐之心，跃然纸上；其二是把葱、蒜等气味浓烈的食物为"荤"。古代佛门有"五荤"之说，即大蒜、小蒜、兴渠、慈葱、茖葱。从烹饪原料角度看，寺院菜的原料以素为主，当然僧人也有茹腥之特例。传说张献忠攻渝时，强迫破山和尚吃肉，破山和尚道："公不屠城，我便开戒。"张献忠应允。结果破山和尚边吃肉边唱偈："酒肉穿肠过，佛在心中坐。"这个和尚为渝城百姓免遭杀戮而破戒，可谓功德无量。寺院菜到了宋代有了长足的发展。一方面，宋人特别是士大夫的饮食观念有所变化，素菜被视为美味；另一方面，面筋在素菜中开始被重视，尽管它首创于南朝（《事物绀珠》），但引入素馔烹调，作为"托荤"菜不可或缺的原料，则始于宋。《山家清供·卷下·假煎肉》："瓠（嫩葫芦）与麸（面筋）薄切，各和以料煎，加葱、树油、酒共炒。瓠与麸不惟如肉，其味亦无辩者。"此便是"托荤"菜之一例。僧尼食用的寺院菜，一般而言较为清苦，由于他们奉行的是唐朝百丈禅师所创"一日不作，一日不食"的信条，因此他们认为贪口福有碍定心修行，这是寺院清规所不容的。但向社会开放的筵席却是美味错列。餐馆经营的素菜正是学习和借鉴了寺院宫观烹饪的结果。到了清代，寺院菜发展到了最高水平。许多寺院菜所出肴馔，均已形成该寺院特有的风味，"寺庙庵观素馔之著称于时者，京师为法源寺，镇江为定慧寺，上海为白云观，杭州为烟霞洞"（《清稗类钞·饮食类》），而"扬州南门外法少寺，大丛林也，以精治肴馔闻"（同上）。许多寺院僧尼以寺院菜的独特风味来经商谋利。此时还出现了以果品花叶为主料的素馔，"乾、嘉年间，有以果子为肴者，其法始于僧尼，颇有风味，如炒苹果、炒荸荠、炒藕丝、炒山药、炒栗片，以及油煎白果、酱炒核桃、盐水熬落花主（疑'生'之误）之类，不可枚举。且有以花叶入馔者，如胭脂叶、金雀花、韭菜花、菊花瓣、玉兰花瓣、荷花瓣、玫瑰花瓣之类，亦颇新奇"（同上）。到了晚清，翰林院侍读学士薛宝辰著有《素食说略》一书，依类分四卷，记述了当时较为流行的170余品素馔的烹调方法。尽管作者在"例言"中称"所言作菜之法，不外陕西、京师旧法"，但较之《齐民要术·素食》、《本心斋蔬食谱》等以前的素食论著，内容丰富，方法易行，对寺院菜在民间的推广传播起到了积极作用。道教宫观肴馔、道士的饮食戒律，基本上照搬了佛门寺院的模式，这其间有着深厚的思想基础。佛教传入中国后，显示出很强的包容性和适应性。以泰山佛教为例，它对异教兼容并蓄，如斗姆宫、红墙宫即是佛教兼容道教的典型寺院。道教的思想根源虽然杂而多端，但它体现着对理想世界的双重追求。一方面，是在现实世界上建立没有灾荒和疾病、"人人无贵贱，皆天之所生也"、"高者抑之，下者举之，有余者损之，无余者补之"的平等社会；另一方面，是追求处生死、极虚静、超凡脱俗、不为物累的"仙境"世界。这一切与佛教的基本教义和思想方法有许多相似点。况且佛教起初传入时，先依附于盛行当时的黄老之学，魏晋时又依附了流行于世的以庄老思想为骨架的玄学。佛、道两教，相激相荡，共同趋于繁荣。由是可知，道教的许多饮食之法，之戒，皆得传于佛门寺院，这也是顺理成章的。

（二）寺院菜的烹饪特色

寺院菜在其生成、发展的过程中形成了就地取材、擅烹蔬菽、以素托荤、菜品繁多的鲜明特点。

1. 就地取材。寺院宫观的僧尼、道徒平日除诵经、入定、坐禅及一些佛事、道事之外，其余时间多用于植稼种蔬的田间劳作，以供日常饮食之需。大量的饮馔原料皆得之于宫观寺院依傍之地，可谓"靠山吃山"。斗姆宫位于山东泰山，那里有这样的民谚："泰山有三美，白菜豆腐水。"斗姆宫的僧厨用产自岱阳、灌庄、琵琶湾的豆腐，制成"金银豆腐"、"葱油豆腐"、"朱砂豆腐"、"三美豆腐"等名馔来饷施主。重庆罗汉寺内名馔"罗汉斋"所用的十八种原料分别是花菇、口蘑、鲜蘑菇、香菇、草菇、竹笋尖、川笋荪、冬笋、腐竹、油面筋、素肠、黑木耳、金针菜、发菜、银杏、素鸡、马铃薯、胡萝卜，喻义对佛教十八罗汉的虔敬。这些原料极其平常，皆为山野货色。扬州大明寺的"拔丝荸荠"、

"拔丝山药"、"鸡茸菜花"、等也都是就地取材的上乘之作。青城山天师洞用茅梨、银杏、慈笋等当地原料，烹制出"燕窝蟠寿"、"仙桃肉片"、"白果烧鸡"等都是寺院烹饪就地取材的真实反映。

2. 擅烹蔬菽。寺院菜的主要是瓜果、笋菌、豆制品之类的食材。袁枚曾在《随园食单》中赞扬过扬州定慧寺庵僧所制冬瓜"尤佳，红如血珀，不用荤汤"，该寺的素面"及精，不肯传人"。又言"豆腐干以牛首僧制者为佳"、"晓堂和尚所制亦秒"。寺院烹调用汤用黄豆芽、口蘑、笋、冬菜、老姜熬制，也可加入蚕豆、黄豆等素料，其汤烹菜鲜美无比。寺院菜点皆以选料精细、烹制考究、技艺精湛、花色繁多、口味多样等烹饪特点而蜚声海内外，共同体现寺院素斋烹蔬菽的整体特征。

3. 以素托荤。寺院菜在造型艺术上尽显功底，在以素托荤方面也是独运匠心。白萝卜加发面、豆粉、石油等按照一定比例和制可制成"猪肉"，面筋可制成"肉片"，豆筋可制成"肉丝"，胡萝卜，土豆可制成"蟹粉"，绿豆粉、玉兰笋可制成"鱼翅"等。这种以素托荤仿制技巧的运用，在中国素馔艺术上得到了充分展现、反映了中国人在饮食活动中所特有的审美心态与艺术创造能力。如功德林素斋中的名馔"烧烤肥鸭"、"四乡熏鱼"、"脆皮烧鸭"、"松子肥鹅"、"八宝鳜鱼"、"红油明虾"、"醋熘黄鱼"、"卷筒嫩鸡"等，皆以豆腐皮为造型用料，根据鸡鸭鹅鱼虾等形象特征加以造型，不仅形神需备，而且味香可口，大有以假乱真的效果。

4. 菜品繁多。寺院菜的名品少说也有上百种，虽说以素托荤的鸡鸭鱼肉、鲍参翅肚的制法大同小异，但因其寺院所在地的不同，僧侣们的饮食习惯、口味爱好也各不相近，寺院菜也就形成了不同风味各式菜点。已故的成都著名特级厨师孔道生在20世纪20年代为北洋军阀吴佩孚的夫人烹饪过"素海参席"。开桌的六围碟是四荤（火腿片、猪耳片、糖醋排骨、香肠），两素（菊花板栗、炝莲白）。八热菜（酸辣海参、口蘑鸽蛋、锅贴豆腐、三色吉庆、豆瓣鱼、软炸冬笋、水晶苕桃、什锦杂烩汤）。席上还用了两款点心（稀卤面、烧饼）。

四、市肆风味

市肆菜是饮食市肆制作并出售的肴馔的总称，就是人们常说的餐馆菜。市肆菜是随着贸易的兴起而发展起来的。市肆菜是经济发展的产物，它适应社会各层人士不同需要。高档酒楼餐馆，中低档大众菜馆饭铺，乃至街边小吃排档，都能烹调和出售不同层次菜点以满足各自的消费群体所需。

（一）市肆饮食的历史概貌

早在商朝，一些政治中心和军事重镇即已形成最初的"市肆"。相关文献记载中，吕望未遇文王时，曾于商都朝歌及重色孟津做过屠牛和"卖饭"的生意。这表明，像朝歌、孟津这些商业都邑，已出现市肆，并已具备饮食行业的趋性。周代，特别是春秋以后，饮食行业的发展很快，孔子"沽酒市脯不食"（《论语·乡党》）的训语，都反映了当时市肆已出现酒食专卖的生意。汉代人特别是达官显贵所消费的酒食多来自市肆，这表明汉代的饮食业已达到了可观的程度。汉代饮食业的发展，不仅局限于京都，当时的临淄、邯郸、开封、成都等地，也形成了商贾云集的饮食市场。魏晋南北期间，烽火连天，战乱不绝，饮食行业的发展不及前代。隋朝一统天下后，都市开始繁荣，商业蓬勃发达，特别是洛阳、长安两京，已成为全国的两大商业中心。到了唐代，由于统治者对农业颇为重视，农业生产逐年上升，至天宝年间已是府库充盈。随之带来的是商业和交通的空前发达，一大批新兴城市不断涌现在南方区域，如扬州、苏州、杭州、荆州、宜州和汴州等，都已是拥有数十万人口的大城市了。这是唐代饮食行业兴盛发达至关重要的前提。星罗棋布、鳞次栉比的酒楼、餐馆、茶肆，沿街兜售小吃的摊贩，已成为都市繁荣的主要特征。饮食业的夜市在中唐以后广泛出现，唐诗有"水门向晚茶商闹，桥市通宵酒客行"之句，形象地勾勒出夜晚饮食市肆的繁荣景象。江浙一带的饮食夜市颇为繁荣，而扬州、金陵、苏州三地为最。特别是苏州的夜市船宴更具诗情画意，"宴游之风开创于吴，至唐兴盛。由于唐代交通便利，各城市肆饮食烹饪的交通已成规模，在长安、益州等地可吃到岭南菜和淮扬菜，而扬州也开设了北食店、川食店。在中国经济发展史上，宋代掀起了一个经济高峰，生产力的发展带动了社会经济的兴盛，进入商品流通渠道的农副产品，其品种之多，可谓空前，在都邑著名的酒楼饭馆就有七十二家，号称"七十二正店"，此外不能遍数的饮食店铺皆谓"脚店"（《东京梦华录》卷二），所经营的菜店有上千种。从宋代印制的一些食谱中不难发现，南味在北方都邑有很大的市场；而北味也随着宋朝廷的南徙而传入南方。

（二）市肆饮食的烹饪特色

市肆菜的主要特色是，技法多样，品种繁多；应变力强，适应面广。以技法品种而论，由于生存竞争的需要，历代的市肆菜吸取了宫廷、官府、寺院、民间乃至于民族菜的烹饪技法和肴馔品种，并加以变化发展。以反映南宋都城情况的《梦粱录》为例，据编者统计当时的市肆烹饪方法竟达 19 个种类，蒸、煮、熬、酿、煎、炸、焙、炒、炙、燠、鲊、脯、烧、冻、酱、糟、焐、煸都有。所有市肆供应品种，合计 839 种，这只是已记录在册的，实际数量当然更多一些。当今各地市肆菜已演变为以当地风味为主体兼有外地风味的菜肴，在全国的大中城市中尤为明显。首都北京、经济中心上海、南国门户广州几乎可以品尝到全国各地的肴馔，大菜小吃，无所不有。上至国宾，下至居民，市肆菜的品种都能适应。

五、民间风味

民间菜是指城镇、乡村居民家庭日常烹饪的肴馔，民间菜是中国菜的根，奠定了中国烹饪学的基础。

（一）民间菜的历史概貌

亿万黎庶为了生存，总是在可能的情况下要吃得饱一点，并尽可能的吃得好一点。因此，城乡民间居民的家庭炉灶就不断地创制出经济实惠的肴馔来。普通城乡居民的饮食烹饪生活，一般不可能见之于经典，多在历代文人诗词、笔记中反映出来。杜甫《戏作俳谐体遣闷二首》中的"家家养乌鬼，顿顿食黄鱼"说的就是长江中游渔民的民间菜肴。我国民间节日繁多，节日中的肴馔也多出自家庭炉灶，正月十五吃元宵、端午吃粽子、立春吃春饼、夏至要吃狗肉、春节年夜饭上要有鱼等，民间菜丰富多彩，不愧为烹饪之根，市肆菜馆、官府宫廷的有些名肴品种也是从民间菜演变而来的。

（二）民间菜的烹饪特色

民间菜遍及城乡千万家，其烹饪特色是：取料方便，操作易行，调味适口，朴实无华。家庭炉灶通常是有什么就烹什么，种植业发达的地区常常用粮食、蔬菜作为烹饪食材，养殖禽畜之地又常以牛羊猪鸡鸭鹅为料入烹。这充分体现了"靠山吃山、靠水吃水"的民间菜肴特色。菜肴选料方便不必像宫廷菜那样寻觅四方贡珍，也不必像官府菜那样芳饪标奇。民间菜就地取材，就可以获得所需的烹饪原料，就料施烹操作简便易行。民间菜的另一特色是调味适口、朴实无华。江南民间菜烹制时多放糖提鲜；胶东沿海居民喜用鱼露来拌菜；四川人民喜辣味，嗜食花椒、辣椒和豆豉；陕西民间烹菜多用酸辣调味品等。民间菜虽然不追求表面的华彩，但也讲究造型和装盘更重视实用性。只要菜肴适合佐餐养生的需求，无论菜肴的贵贱都可以进入餐桌。酱菜、泡菜、腌菜、腐乳、甜酱等都是家庭厨房必备之品。

六、民族风味

民族菜是除汉族以外的五十多个少数民族菜点的总称。

我国是一个多民族国家，各民族所处的自然环境、社会经济条件不同，逐渐形成了本民族特有的传统的饮食品种和饮食习俗。兄弟民族在长期的饮食活动中，经过世代的传承和延续，其菜点在中国饮食文化中也占有重要地位。其中的回族、维吾尔族等民族信奉伊斯兰教，他们的清真菜也成为中国烹饪的一大流派。

（一）清真风味

清真菜，是信奉伊斯兰教民族菜肴的总称。

在我国五十六个少数民族中回族、维吾尔族、哈萨克族、塔吉克族、柯尔克孜族、乌孜别克族、塔塔尔族、撒拉族、东乡族和保安族等十几个少数民族信奉伊斯兰教。在饮食习俗与禁忌方面，这些民族共守穆斯林教规，而在饮食风味方面他们又有不同之处。因此，人们把主要居住于新疆的几个少数民族的风味菜点称作"新疆菜"。这样，狭义上的

"清真菜"就单指回族菜肴了。

在我国十几个信奉伊斯兰教的少数民族中，回族人口最多，分布最广。回族的饮食生活记载，最早见于元朝的《饮膳正要》。该书中所指到的"回回"，就是指信仰伊斯兰教的波斯、阿拉伯、土耳其等中亚民族。7世纪以来，少数波斯人和阿拉伯人移居我国，元朝又有大批中亚民族随西征回来的蒙古军队来到我国，有的驻戍各地担任要职，有的传教有的经商或务农。他们的政治地位仅次于蒙古族，高于汉族。不过信仰伊斯兰教的人并非都是回族，我们国家的回族是经过与汉、蒙、维吾尔等民族长期的生活居住、通婚，在共同信仰伊斯兰教的基础上，逐步形成的一个新的民族。清真菜在其发展过程中，善于吸收其他民族风味菜肴之优长，将好的烹调方法引入清真菜的制作过程之中，如清真菜中的"东坡羊肉"、"宫保羊肉"得传于汉族的风味菜肴，而"涮羊肉"原为满族菜，"烤羊肉"原为蒙古族菜，后来都成为清真菜馆热衷经营的风味名菜。由于各地物产及饮食习俗的影响，清真菜形成了三大流派：①西北地区的清真菜，善于利用当地的特产的牛羊肉、牛羊奶及哈密瓜、葡萄干等原料制作菜肴，风味古朴典雅，耐人寻味；②京津、华北地区的清真菜，取料广博，除牛羊肉外，海味、河鲜、禽蛋、果蔬皆可取用，讲究火候，精于刀功，色香味形并重；③西南地区的清真菜，善于利用家禽和菌类植物，菜肴清闲淡雅，注重保持原汁原味。

清真菜有着很鲜明的特点：

1. 饮食禁忌很严格，特别是原料使用方面。这种禁忌习俗来源于伊斯兰教规。伊斯兰教主张吃"佳美"、"合法"的食物，所谓"佳美"，就是清洁、可口、富于营养，认为不可吃那些"自死动物、血液、猪肉以及诵非安拉之名而宰的动物"（《古兰经》第二章）。此外，诸如鹰、虎、豹、狼、驴、骡之类的凶猛禽兽以及无鳞鱼皆不可食。而那些食草动物（包括食谷的禽类）如牛、羊、驼、鹿、兔、鸡、鸭、鹅、鸠、鸽等，以及河海中有鳞的鱼类，都是穆斯林食规中允许吃食的食物。按照穆斯林的教规，宰杀供食用的禽兽，一般都要请清真寺内阿訇认可的人代刀；并且必须是先淋浴净身后再进行屠宰，宰杀时，还要口诵安拉之名，才认为是合法。

2. 选料严谨，工艺精细，食品洁净，菜式多样。清真菜的用料主要取于牛、羊两大类，而羊肉用料尤多。烹制羊肉是穆斯林最为擅长的。早在清代，就已有清真"全羊席"，"如设盛筵，可以羊之全体为之。蒸之，烹之，炮之，炒之，爆之，灼之，熏之，炸之。汤也，羹也，膏也，甜也，咸也，辣也，椒盐也。所盛之器，或以碗，或以盘，或以碟，无往而不见为羊也。多至七八十品，品各异味"（《清稗类钞·饮食类》），充分体现出了厨师高超的烹饪技艺。至同治、光绪年间，"全羊席"更为盛行，以后，终因此席过于靡费而逐渐演化成"全羊大菜"。全羊大菜由"独脊髓"（羊脊髓）、"炸蹦肚仁"（羊肚儿）、"单爆腰"（羊腰子）、"烹千里风"（羊耳朵）、"炸羊脑"、"白扒蹄筋"（羊蹄）、"红扒羊舌"、"独羊眼"八道菜肴组成，是全羊席的精华，也是清真菜中的名馔。

3. 清真菜的口味偏重鲜咸，汁浓味厚，肥而不腻，嫩而不膻。其烹饪调理法也很独特，较多地保留了游牧民族的饮食习俗。如"炮"就是清真风味中独有的一种烹饪方法，将原料和调料放在炮铛上，用旺火热油，不断翻搅，直到汁干肉熟。以清真名菜"炮羊肉"为例，先将羊后腿肉切成薄片，在炮铛上洒一层油，油熟后放入肉片及卤虾油、酱油、料酒、醋、姜末、蒜末等调料，待炮干汁水，再放入葱丝炮，葱熟，溢出香味即可。若此时再续炮片刻，待肉散发出糊香味，则是另一道清真名菜"炮糊"。清真菜中的涮羊肉、烤牛肉串等菜肴，也都久负盛誉。由于在一些大、中城市，回、汉、满、蒙各民族长期杂居，从事烹饪行业的回族人特别善于学习和吸取其他民族好的烹调方法，因而使清真菜的烹饪技法由简到繁，日臻完善，炒、熘、爆、扒、烩、烧、煎、炸，无所不精，形成了独具一格的清真菜体系。

4. 颇具特色的清真菜筵席。清真菜筵席大体有五类，即燕菜席、鱼翅席、鸭果席、便果席和便席。具有繁简兼收、雅俗共赏、高中低档兼备、色香味形并美的特点。此外，中国清真名菜有五百余种，如"葱爆羊肉"、"焦熘肉片"、"黄焖牛肉"、"扒羊肉条"、"清水爆肚"等，都是各地清真餐馆中常见的名品；还有如兰州的"甘肃炒鸡块"、银川的"麻辣羊羔肉"、西安的"羊肉泡馍"、青海的"青海手抓肉"、吉林的"清烧鹿肉"、北京的"它似蜜"、"独鱼腐"等，都是当地特别拿手的清真风味名菜，其风味独树一帜。至于清真小吃，更是名目繁多，如"爆肚"、"白汤杂碎"、"奶油炸糕"等小吃，用料广泛，制作精细，适应时令，颇受人们的喜爱。

（二）少数民族风味

我国东北地区的少数民族主要有满族、朝鲜族等七个民族。清代中期，满人先世聚居的宁古塔地区，以食碑、栗为主，现在的东北地区特别是黑龙江、吉林两省，仍受满族人饮食习惯的影响，每到冬季，家家户户都要做很多黏豆包，经过冷冻后储存以便慢用。由于气候寒冷，满族人养成了吃冷冻食品的习俗。他们利用冬季的自然条件冻饺子、冻豆腐、冻梨。满族人喜食猪肉，至今东北农村还保留着"杀年猪"风俗，届时把亲友、邻居请去吃猪肉、血肠。冬天"渍酸菜"也是满族人保留至今的饮食风俗。朝鲜族人主要聚居在吉林长白山脚下，他们以大米为主食，喜食菜叶卷饭。他们的冷面制作颇有特色，用荞麦面和白薯面压成面条，佐以牛肉、鸡肉、猪肉、蛋丝、辣椒、芝麻、香油、苹果、梨等，甜中有酸，清爽可口。逢年过节，他们用打糕招待客人，将蒸熟的糯米饭放在木臼中砸成糕团，再切成片，放上豆沙，蘸蜂蜜或白糖吃，别有风味。狗肉和生菜也是他们喜爱的食物。另外，生拌牛百及辣白菜、泡菜等也独具特色。

西南地区有很多少数民族以糯米为主食。傣族人爱吃香竹饭，用泡好的糯米放入竹节中，用芝麻叶或香叶堵口，放入火中烧烤即成。由于糯米不易消化，故他们喜食酸性食物以助消化。苦瓜是德宏州傣族常吃的蔬菜；西双版纳傣族人则喜食野生苦笋。傣族人爱吃烧烤或煮成酸味的菜肴，如酸鱼或草香鱼。傣族人每餐几乎离不开酸、辣、苦三味菜肴。

白族人居住在云南洱海一带，白族人擅长水鲜烹调，如活水煮活鱼、砂锅鱼、梅干酸辣鱼等。乳扇、干攒、生皮是白族人喜食的美味。而大理猪肝胙、腊鹅、合庆火腿是白族人的菜中上品，几百年来被人们所喜爱。筵席有素筵、果酒席、草席三大类。

彝族人以面制品为主食，将玉米、荞子、麦子、粟米、高粱等加工成粉，和水成面团后，煮成疙瘩；用锅贴熟成粑粑；擀成条成粗面条；经发酵烤熟成泡粑粑。而荞粑粑是他们最喜爱的食品。"皮肝生"也是彝族人常吃的美味。处于半农半牧经济状态中的彝族，牛羊资源丰富，肉食充足，主要烹调方法有煮、炒、烤、烧、蒸、炖等。他们还喜食野味，鹿、麂、熊、岩羊、野猪、野鸡、火雀等林中的飞禽走兽，以及蘑菇、木耳、鸡枞、核桃等，都是做菜的佳料。密制品是彝族人重要食品之一，"荞粑粑蘸蜂蜜"是年节期间的美味，也是平时待客用的名点。

一些少数民族依山傍水而居，因气候炎热，故虫、蚁、鼠等特别多，这就形成了当地人食虫、蚁、鼠的习俗，如布朗族人有挖食黑蚁卵和食田鼠、家鼠、竹鼠的习俗；海南黎族人喜吃鼠肉；傣族人爱吃油炸竹虫（黑蜂幼虫），生吃可制成酱，熟食可用鸡蛋穿衣套炸，他们还用筒帕兜住蚁巢，让酸蚂蚁逃走，取其蛋，洗净晒干，与鸡蛋炒吃。

另外，聚居贵州省境内的布依族人喜吃狗肉。他们有句谚语："肥羊抵不上瘦狗，"杀狗待客，至诚至真。关岭县的花江清炖狗肉代表着布依族地区的西部特色；贵定县的盘江黄焖狗肉则独占东部鳌头。而火锅吃法和狗灌肠则遍及布依族地区。云南陇川、梁河、潞西一带的阿昌族人以大米为主，用大米制成饵丝、米线。吃鲜饵丝时，只需在沸水中稍烫一下即要捞出，配以佐料，盖上焖肉或粑肉、鸡丝等，做成各种饵丝而食。米线的热吃与饵丝吃法相同。阿昌族人多喜欢吃凉米线。酸辣谷花鱼和豆腐烧肉是他们的时鲜风味佳肴。此外，还有炒鳝鱼和焖鳝段，用于佐食米线，别有风味。

藏族人以糌粑为主食，由炒熟的青稞磨面与酥油、奶渣、热茶拌匀后，用手捏成团状，手抓着吃，不仅营养丰富，而且便于携带。手抓羊肉是牧区群众的主食之一，也是招待宾客的佳肴。另外，他们还喜欢奶茶、酥油茶和青稞酒。

其他少数民族亦有其独特的烹调方法和著名菜点。如蒙古族的烤羊腿，哈尼族的竹筒鸡，纳西族的麻补，景颇族的舂鱼，傈僳族的焐煮肉，基诺族的金肉条，崩龙族的舂茄子，怒族的斜拉，拉祜族的血鲊，独龙族的河麻芋头，佤族的迈雅，瑶族的酸菜蒸鲫鱼，普米族的醉鸡，土家族的烤米包子，苗族的灌肥粑，等等，各具特色，丰富多彩。

任务二　中国地方菜风味

我国幅员辽阔人口众多，由于地理、气候、文化、信仰的差异，各地风俗习惯、烹饪技法的不同，菜肴在风味上有很大的区别，进而形成了许多地方风味流派。这些风味流派过去习惯上称作"帮"现在称为"菜系"，指具有明显地方特色的肴馔体系，并成为部分群众喜爱的地方风味。其中，粤菜、鲁菜、川菜、苏菜、湘菜、闽菜、浙菜、徽菜享称为"八大菜系"，加上京菜和鄂菜，即为"十大菜系"。

一、鲁菜

鲁菜是山东菜的简称，有北方代表菜之称，是黄河流域烹饪文化的代表。它对北京、天津、华北、东北地区烹调技术的发展影响很大。山东菜可分为淄博博山风味菜、济南风味菜、胶东风味菜、济宁菜和其他地区风味菜，以淄博博山菜为典型。鲁菜的形成和发展与由山东地区的文化历史、地理环境、经济条件和习俗有关。山东是中国古文化发祥地之一。其地处黄河下游，气候温和，胶东半岛突出于渤海和黄海之间。境内山川纵横，河湖交错，沃野千里，物产丰富，交通便利，文化发达。其粮食产量居全国第三位；蔬菜种类繁多，品质优良，是号称"世界三大菜园"之一。如胶州大白菜、章丘大葱、金乡大蒜、莱芜生姜都蜚声海内外。鲁菜原料多选畜禽、海产、蔬菜，善用爆、熘、扒、烤、锅、拔丝、蜜汁等烹调方法，偏重于酱、葱、蒜调味，善用清汤、奶汤增鲜，口味咸鲜。鲁菜以味鲜咸脆嫩，风味独特，制作精细享誉海内外。善于以葱香调味，著名菜肴有九转大肠、糖醋黄河鲤鱼、德州扒鸡、烤鸭、烤乳猪、锅烧肘子等。

二、川菜

川菜是四川菜简称，包括成都、乐山、自贡等地方菜是民间最大菜系，同时被冠以"百姓菜"。川菜原料多选山珍、江鲜、野蔬和畜禽。善用小炒、干煸、干烧和泡、烩等烹调法。以"味"闻名的川菜味型较多，富于变化享有"一菜一格"、"百菜百味"的特殊美誉，以鱼香、红油、怪味、麻辣较为突出，善用三椒（辣椒、胡椒、花椒），郫县豆瓣酱更是川菜不可缺少的主要调味品。四川菜系具有取材广泛、调味多样、菜式适应性强三个特征，由筵席菜、大众便餐菜、家常菜、三蒸九扣菜、风味小吃等五个大类组成一个完整的风味体系。在国际上有"食在中国，味在四川"的称赞。其中最负盛名的菜肴有干烧岩鲤、鱼香肉丝、怪味鸡、宫保鸡丁、五香卤排骨、粉蒸牛肉、麻婆豆腐、毛肚火锅、干煸牛肉丝、夫妻肺片、灯影牛肉、担担面、赖汤圆、龙抄手等。川菜中六大名菜是鱼香肉丝、宫保鸡丁、夫妻肺片、麻婆豆腐、回锅肉、东坡肘子等。

三、粤菜

粤菜由广府菜（亦称"广州菜"）、潮州菜（亦称"潮汕菜"）、客家菜（亦称"东江菜"）组成。客家菜与潮州菜、广州菜并称为广东三大菜系，发源于岭南，由广州菜、东江客家菜、潮州菜（也有被归入闽菜）发展而成，是起步较晚的菜系，但它影响深远，港、澳以及世界各国的中菜馆，多数是以粤菜为主，在世界各地粤菜与法国大餐齐名，国外的中餐基本上都是粤菜。因此有不少人认为粤菜是华南的代表菜系。粤菜取百家之长，用料广博，选料珍奇，配料精巧，善于在模仿中创新，依食客喜好而烹制。烹调技艺多样善变，用料奇异广博。在烹调上以炒、爆为主，兼有烩、煎、烤，讲究清而不淡，鲜而不俗，嫩而不生，油而不腻，有"五滋"（香、松、软、肥、浓）、"六味"（酸、甜、苦、辣、咸、鲜）之说。时令性强，夏秋尚清淡，冬春求浓郁。粤菜著名的菜点有鸡烩蛇、龙虎斗、烤乳猪、太爷鸡、盐焗鸡、白灼虾、白斩鸡、烧鹅等。

四、闽菜

闽菜发源于福州，以福州闽菜为代表，闽菜其实就是以福州菜为主体，代表着闽菜文化。福建省位于中国东南部，面临大海，背负群山，气候湿和，雨量充沛，大地常绿，四季如春。沿海地区海岸线漫长，浅海滩涂辽阔、鱼、虾、螺、蚌、鲟、蚝等海鲜佳品常年不绝。辽阔的江河平原，则盛产稻米、蔗糖、蔬菜、花果，尤以荔枝、龙眼、柑橘等佳果誉满中外，山林溪间盛产茶叶、香菇、竹笋、石鳞、河鳗、甲鱼、穿山甲等山珍野味。闽菜最早起源于福建福州，在后来发展中形成福州、闽南、闽西三种流派。福州菜淡爽清鲜，重酸甜，讲究汤提鲜，擅长各类山珍海味，闽南菜包括泉州、厦门、漳州一带，讲究作料调味，重鲜香；闽西菜包括长汀及西南一带地方，偏重咸辣，烹制多为山珍，带有山区风味。因此，闽菜形成三大特色一善于红糟调味，二善于制汤，三善于使用糖醋。这一传统即使进入上海，尽染海派风味后，依然未变。闽菜除了招牌菜"佛跳墙"外，还有七星鱼丸、乌柳居、白雪鸡、闽生果，醉排骨、红糟鱼排等，均别有风味。

五、苏菜

江苏菜由扬州菜、淮安菜、南京菜、常州菜、苏州菜、镇江菜组成。其味清鲜，咸中稍甜，注重本味，在国内外享有盛誉。江苏为鱼米之乡，物产丰饶，饮食资源十分丰富。著名的水产品有长江三鲜（鲟鱼、刀鱼、鲥鱼）、太湖银鱼、阳澄湖清水大闸蟹、南京龙池鲫鱼以及其他众多的海鲜品。优良佳蔬有太湖莼菜、淮安蒲菜、宝应藕、板栗、鸡头米、茭白、冬笋、荸荠等。江苏菜的特点是用料广泛，以江河湖海水鲜为主；刀工精细，烹调方法多样，擅长炖焖煨焐；追求本味，清鲜平和；菜品风格雅丽，形质均美。著名的菜肴有：清汤火方、鸭包鱼翅、水晶肴蹄、松鼠鳜鱼、西瓜鸡、盐水鸭、清炖甲鱼、鸡汁煮干丝等。

六、浙菜

浙菜是浙江菜的简称。浙江省位于我国东海之滨，北部水道成网素有江南鱼米之乡之称。西南丘陵起伏盛产山珍野味，东部沿海渔场密布水产资源丰富，有经济鱼类和贝壳水产品 500 余种，如鳜鱼、鲫鱼、青虾、湖蟹、黄鱼、带鱼、石斑鱼、锦绣龙虾及蛎、蛤等总产值居全国之首，物产丰富，佳肴自美，特色独具。浙菜以烹调技法丰富多彩闻名于国内外，其中以炒、炸、烩、熘、蒸、烧六类为擅长，熟物之法最重火候，因料施技，注重主配料味的配合，口味富有变化。浙菜系主要名菜有西湖醋鱼、东坡肉、赛蟹羹、干炸响铃、荷叶粉蒸肉、西湖莼菜汤、龙井虾仁、杭州煨鸡、干菜焖肉、蛤蜊黄鱼羹、叫化童鸡、油焖春笋、雪菜大汤黄鱼、冰糖甲鱼、嘉兴粽子、宁波汤团等数百种。

七、湘菜

湘菜，是中国历史悠久的一个地方风味菜。以湖南菜为代表，简称"湘菜"。湖南省，位于中南地区，长江中游南岸，南岭以北。这里气候温暖，雨量充沛，阳光充足，四季分明。南有雄崎天下的南岳衡山，北有一碧万顷的洞庭湖，湘、资、沅、澧四水流经全省。自然条件优厚，利于农、牧、副、渔的发展，故物产特别富饶。湘北是著名的洞庭湖平原，盛产鱼虾和湘莲，是著名的鱼米之乡。湘菜由湘江流域、洞庭湖区和湘西山区为基调的三种地方风味组成。湘菜历来重视原料互相搭配，滋味互相渗透。湘菜调味尤重酸辣。因地理位置的关系，湖南气候温和湿润，故人们多喜食辣椒，用以提神去湿。用酸泡菜作调料，佐以辣椒烹制出来的菜肴，开胃爽口，深受青睐，成为独具特色的地方饮食习俗。湘菜特色菜：腊味合蒸、东安子鸡、麻辣子鸡、红煨鱼翅、汤泡肚、冰糖湘莲、金鱼戏莲、永州血鸭、姊妹团子、宁乡口味蛇等。

八、徽菜

徽菜是徽州菜的简称，不等于安徽菜，不包括皖北地区，主要指徽州地区，安徽省江南地区徽菜名中"徽"字就是由徽州而来。徽州处于两种气候交接地带，雨量较多、气候适中，物产特别丰富。黄山植物有 1470 多种，其中可以食用品种繁多，野生动物栖山而息，山珍野味，构成了徽菜主佐料的独到之处。烹调方法上擅长烧、炖、蒸，而爆、炒菜少，重油、重色，重火功。主要名菜有笋干烧肉、葛粉圆子、腌鲜鳜鱼、胡氏一品锅、茶笋炖排骨、徽州毛豆腐、红烧石鸡、太平湖鱼头煲、火腿炖甲鱼、红烧果子狸、腌鲜鳜鱼、黄山炖鸽等上百种。

九、京菜

京菜是北京菜的简称，又称京帮菜，它是以北方菜为基础，兼收各地风味后形成的。北京以都城的特殊地位，集全国烹饪技术之大成，不断地吸收各地饮食精华。吸收了汉满等民族饮食精华的宫廷风味以及在广东菜基础上兼取各地风味之长形成的谭家菜，也为京帮菜带来了光彩。京式菜，注重吊汤和使用淀粉，烹调方法可以概括为爆、炒、烧、燎、煮、炸、熘、烩、烤、涮、蒸、扒、焖、煨、煎、糟、卤、拌、氽 20 种。北京菜中，最具有特色的是北京烤鸭和涮羊肉、烤牛肉、烤羊肉，涮羊肉所用的配料丰富多样，味道鲜美，其制法几乎家喻户晓。

十、鄂菜

传统鄂菜以江汉平原为中心，由武汉、荆州和黄州三种地方风味菜组成，包括荆南、襄郧、鄂州和汉沔四大流派。由于这一带河流纵横，湖泊交错，水产资源极为丰富，故擅长制作各种水产菜，尤其对各种小水产的烹调更为拿手，讲究鸡、鸭、鱼、肉的合烹，肉糕、鱼圆的制作有其独到之处。烹调方法以蒸、煨、炸、烧、炒为主，讲究鲜、嫩、柔、滑、爽，注重本色，经济实惠。鄂菜以"三无不成席"的特色即无汤不成席、无鱼不成席、无丸不成席。鄂菜现有菜点品种三千多种，其中传统名菜不下五百种，典型名菜点不下一百种。名菜点有：清蒸武昌鱼、鸡茸架鱼肚、钟祥蟠龙、瓦罐煨鸡、沔阳三蒸、散烩八宝、龙凤配及三鲜豆皮、东坡饼、面窝等数百余种。

中国的菜点，由于地理、历史、经济、政治、民俗、宗教诸多因素的互动作用，形成了内容深厚凝重、风格千姿百态的整体性文化特征充分体现了华夏各民族的创造智慧。纵观各烹饪流派的发展源流，可以看出，中国的菜点，是一个延绵不绝、高峰迭起的发展系统，是历史传承、民族奉献与地方积累、民间智慧共同积淀的结果。

📋 项目小结

此部分内容系统地介绍了中国历史传统菜肴的形成及发展演变历程，对于宫廷菜、官府菜、寺院菜、市肆菜及少数民族与清真菜的特色进行系统的阐述；根据中国不同区域及地方特色所形成的各式菜系加以详细介绍，对于了解、掌握中国菜系有很大帮助。

参考文献

［1］商业部商业技工教材委员会．烹饪技术［M］．北京：中国商业出版社，1981（4）．

［2］朱宝鼎，李军．中式烹调技艺［M］．大连：东北财经大学出版社，2003（1）．

［3］瞿弦音．烹饪概论［M］．北京：高等教育出版社，1995．

［4］熊四智，唐文．中国烹饪概论［M］．北京：中国商业出版社，1998（6）．